高等职业技术院校电类专业教材

变频技术及应用

（西门子）

BIANPIN JISHU JI YINGYONG

主编　李长军　　副主编　李动

中国劳动社会保障出版社

简介

本书主要内容包括变频器基本操作、数控车床主轴变频调速控制、供水系统的变频恒压控制、物料传送与分拣生产线变频调速控制、货物升降机系统的变频器控制等。

本书由李长军主编，李动副主编，孙怀荣主审。

图书在版编目（CIP）数据

变频技术及应用．西门子/李长军主编．—北京：中国劳动社会保障出版社，2015
高等职业技术院校电类专业教材
ISBN 978－7－5167－1720－2

Ⅰ．①变…　Ⅱ．①李…　Ⅲ．①变频技术－高等职业教育－教材　Ⅳ．①TN77

中国版本图书馆 CIP 数据核字（2015）第 056044 号

中国劳动社会保障出版社出版发行
（北京市惠新东街1号　邮政编码：100029）

*

北京市科星印刷有限责任公司印刷装订　　新华书店经销
787毫米×1092毫米　16开本　11印张　248千字
2015年3月第1版　　2025年6月第10次印刷
定价：21.00元

营销中心电话：400-606-6496
出版社网址：http://www.class.com.cn
http://jg.class.com.cn

前 言

为了更好地适应全国高等职业技术院校电类专业教学要求，全面提升教学质量，人力资源和社会保障部教材办公室组织有关学校的一线教师和行业、企业专家，充分调研企业生产和学校教学情况，广泛听取各职业技术院校对教材使用情况的反馈意见，对2006年至2007年出版的全国高等职业技术院校电类专业基础平台教材和电气自动化技术专业模块教材进行了修订，并做了适当的补充开发。

本次教材修订（新编）工作的重点主要体现在以下四个方面：

第一，科学合理安排内容，融入先进教学理念。

根据电类专业毕业生所从事职业的实际需要和教学实际情况的变化，合理确定学生应具备的能力与知识结构，适当调整部分教材的内容及其深度、难度，如《数控机床电气检修（第二版）》中增加了教学中广泛使用的广数GSK980 T系统的相关知识；根据相关工种及专业领域的最新发展，在教材中充实“四新”内容，如《变频器应用技术（三菱第二版）》中改用目前广泛应用的较新型的FR－E740型通用变频器。同时，结合教学改革要求，在教材中融入较为成熟的课改理念和教学方法，以完成具体典型工作任务为主线组织教材内容，将理论知识的讲解与具体的任务载体有机结合，激发学生学习兴趣，提高学生实践能力。

第二，进一步完善教材体系，充分满足教学需求。

在进一步完善现有教材教学内容的基础上，适应专业发展趋势，新开发了《电力电子技术》《过程控制技术》《工业组态软件应用技术》《自动化综合实训》教材，以充分满足当前电气自动化技术专业教学的实际需求。同时，相关教材还可满足“生产过程自动化技术”“工业网络技术”“计算机控制技术”等其他电类专业方向的教学需要。

第三，涵盖国家职业技能标准，与职业技能鉴定要求相衔接。

教材编写坚持以国家职业技能标准为依据，涵盖《维修电工》等国家职业技能标准中（中、高级）的知识和技能要求，并在与教材配套的习题册中增加针对相关职业技能鉴定考试的练习题。同时，严格贯彻国家有关技术标准的要求。

第四，进一步开发辅助产品，提供优质教学服务。

根据大多数学校的教学实际需求，部分教材还配套开发了习题册，以便于学生巩固练习使用。本套教材均提供多媒体教学课件，可通过中国人力资源和社会保障出版集团网站（http://www.class.com.cn）免费下载，进入主页后搜索相应教材并进入图书详细页面即可找到下载链接。

本次教材的修订（新编）工作得到了江苏、安徽、山东、河南、湖南、广东、广西、四川等省人力资源和社会保障厅及一些高等职业技术院校的大力支持，教材的编审人员做了大量的工作，在此我们表示诚挚的谢意。

人力资源和社会保障部教材办公室

2013年11月

目　录

CONTENTS

国家级职业教育规划教材

课题一　变频器基本操作

变频器是由计算机控制电力电子器件，将工频交流电转变为频率和电压可调的三相交流电的电气设备，对交流电动机进行变频调速控制。变频器的问世对电气调速领域具有十分重要的意义。变频器广泛应用于钢铁冶金、电力、煤炭、化工、纺织、化纤、水泥、造纸、医药、印染、注塑、污水处理、食品、包装等行业。变频器在一些代表性行业和设备中的应用见表 1—1—1。

表 1—1—1　　变频器在一些代表性行业和设备中的应用

应用领域	应用实例	应用方法	应用效果
风机、泵类设备	变频恒压供水装置	（1）调速运转 （2）采用工频电源恒速运转与变频器调速相结合	节能 提高质量
搬运机械	变频控制传运带输送机	（1）多台电动机以比例速度运转 （2）联动运转，同步运转 （3）低速启动、低速停止	省力 自动化 提高效率
机床设备	机床主轴变频调速控制	（1）简化变速机构 （2）精细设定主轴转速	小型化 自动化 提高加工精度

续表

应用领域	应用实例	应用方法	应用效果
木工机械	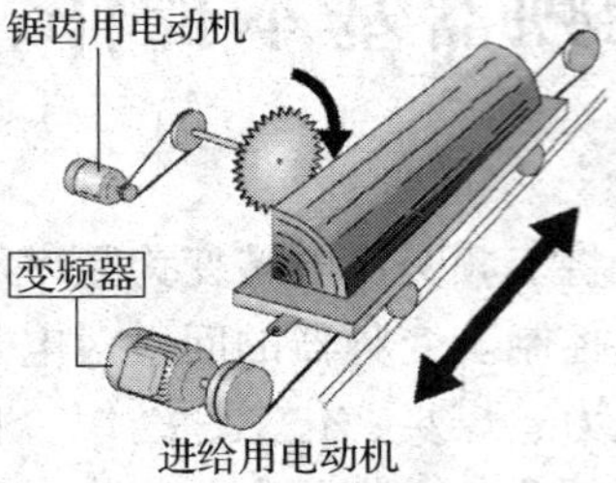 变频控制的木工机械	（1）低速启动保护 （2）调速为最佳工作状态	提高效率
空调机	 变频空调	采用压缩机调速运转，进行连续温度控制	提高舒适性

任务1　认识变频器

学习目标

1．熟悉变频器的铭牌与结构。
2．掌握变频器前盖板和操作面板的拆卸与安装方法。
3．熟悉通用变频器的内部基本结构。
4．掌握通用变频器的基本工作原理。

任务引入

三相交流异步电动机在工农业生产中的应用非常广泛。一般机械设备的调速框图如图1—1—1所示，常用的调速方法有变极调速、定子调压调速、转差离合器调速等。随着工农业生产对调速性能要求的不断提高和电力电子技术及微电子技术的迅速发展，变频调速技术日趋成熟，其对应的调速框图如图1—1—2所示。由图1—1—2可知，实现变频调速最主要的设备就是变频器，要掌握变频调速技术，首先要认识变频器，了解变频器是由哪些部分组成的，它是如何实现变频调速的，怎样进行变频器的拆卸和安装。

电源 → 电动机 → 负载

图 1—1—1　一般机械设备的调速框图

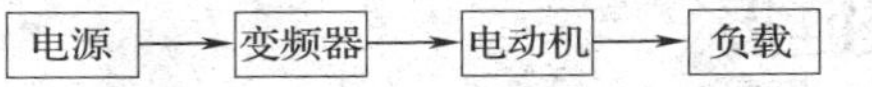

电源 → 变频器 → 电动机 → 负载

图 1—1—2　变频调速的框图

相关知识

一、变频器简介

1. 变频器的外观和结构

常用的西门子 MM4 系列通用变频器有 MM420、MM430 和 MM440 三个系列，如图 1—1—3所示。MM420 基本型通用变频器是一种模块化标准变频器，适用于大多数普通用途的电动机变频调速控制的场合，它具有完善的控制功能。MM 系列变频器的 A 型外形结构如图 1—1—4a所示。MM 系列节能型通用变频器是风机、泵类负载的专用变频器，B 型外形结构如图 1—1—4b 所示。MM440 矢量型通用变频器应用广泛，是一种采用无速度传感器磁通电流矢量控制方式的多功能标准变频器，具有低转速高转矩输出、良好的动态特性和过载能力强等特点。

图 1—1—3　西门子 MM4 系列变频器外形

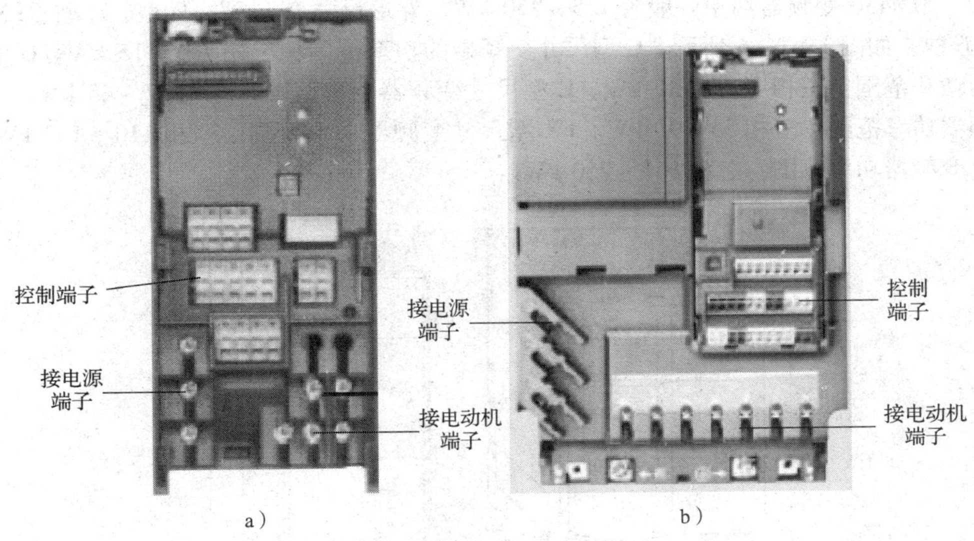

图 1—1—4　变频器外形结构

a) A 型结构　b) B 型结构

知识链接

西门子 MM4 系列变频器外形尺寸的规定

（1）MM420 变频器功率一般为 0.12 ~ 11 kW，外形尺寸有 A 型、B 型和 C 型三种，如图 1—1—5 所示。A 型尺寸变频器的功率范围：单相 0.12 ~ 0.75 kW；三相 0.37 ~ 1.5 kW。B 型尺寸变频器功率范围：单相 1.1 ~ 2.2 kW；三相 2.2 ~ 4.0 kW。C 型尺寸变频器功率范围：单相 3 ~ 5.5 kW；三相 5.5 ~ 11 kW。

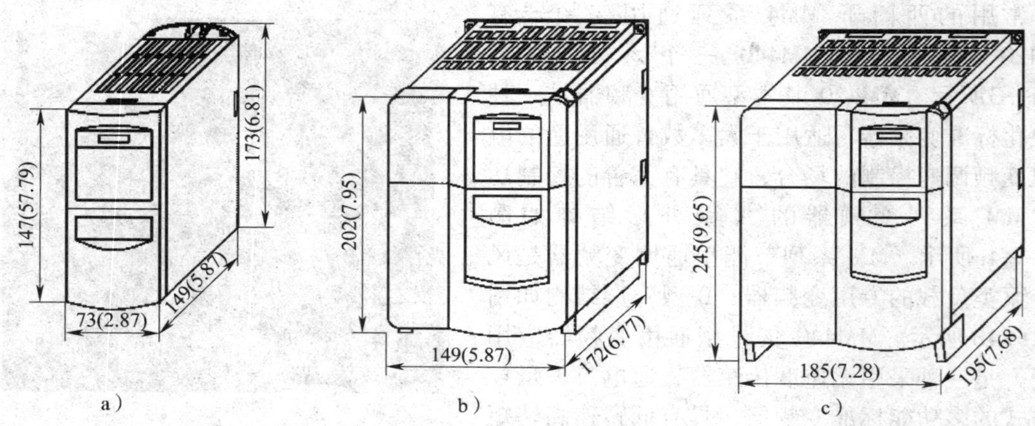

图 1—1—5　MM420 变频器外形尺寸

a）A 型箱体尺寸变频器　b）B 型箱体尺寸变频器　c）C 型箱体尺寸变频器

（2）MM430 变频器功率一般为 7.5 ~ 250 kW，外形尺寸有 C 型、D 型、E 型、FX 型和 GX 型五种，如图 1—1—6 所示。C 型尺寸变频器的功率范围：三相 7.5 ~ 15 kW。D 型尺寸变频器功率范围：三相 18.5 ~ 30 kW。E 型尺寸变频器功率范围：三相 37 ~ 45 kW。F 型尺寸变频器功率范围：三相 55 ~ 90 kW。FX 型尺寸变频器功率范围：三相 110 ~ 132 kW。GX 型尺寸变频器功率范围：三相 160 ~ 250 kW。

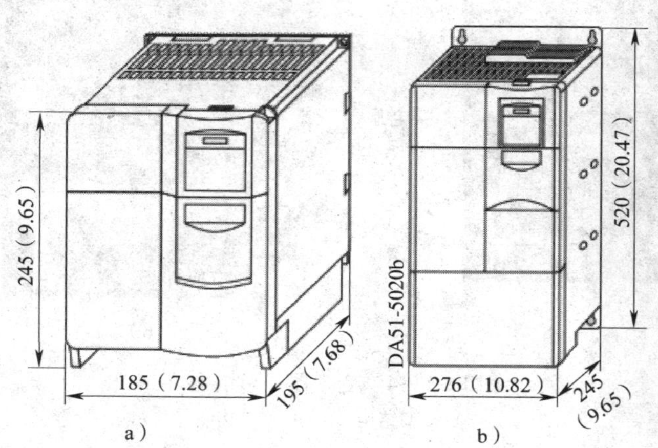

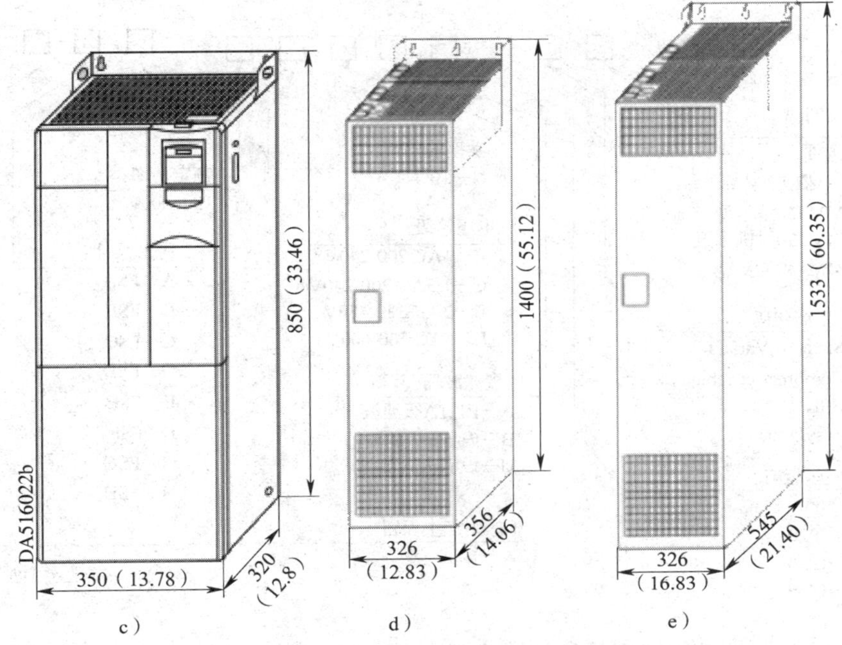

图 1—1—6 MM430 变频器外形尺寸

a）C 型外形尺寸的变频器 b）D 型外形尺寸的变频器 c）外形尺寸为 F 的变频器（不带滤波器）
d）外形尺寸为 FX 的变频器 e）外形尺寸为 GX 的变频器

（3）MM440 变频器功率一般为 0.12～200 kW。外形尺寸有 A 型、B 型、C 型、D 型、E 型、F 型和 G 型七种，同上述介绍。

2. 变频器的铭牌

变频器铭牌中一般包括代表该厂商的产品系列、序号或标志码、基本参数、电压级别和标准可适配电动机容量等，可作为选择变频器的参考，订货时一般根据该型号所对应的订货号订货，不可忽视。如图 1—1—7 所示为西门子 MM440 变频器的铭牌。铭牌中主要介绍相关订货型号的含义。例如，西门子 MM440 变频器，订货号为 6SE6440－2UD27－5CA1，含义解释如下。

图 1—1—7 西门子 MM440 变频器铭牌

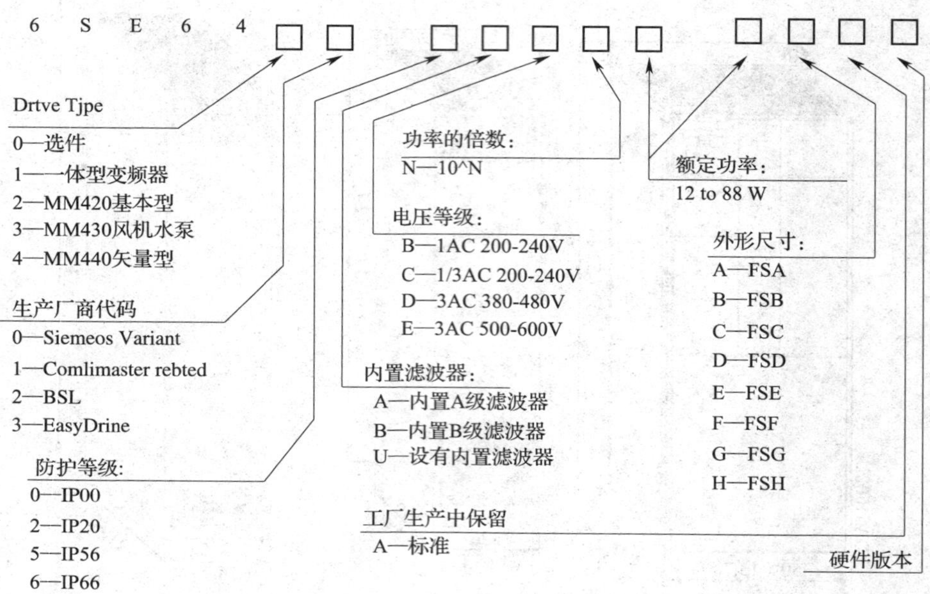

3．变频器操作面板与配线盖板的拆装

（1）变频器操作面板的拆卸与安装

MM4 系列变频器在标准供货方式时装有状态显示板（SDP），如图 1—1—8 所示，对于很多用户来说，利用 SDP 和制造厂的默认设置值就可以使变频器成功地投入运行。如果存在默认值不适合的情况，也可以利用基本操作板（BOP）或高级操作板（AOP）修改参数使之匹配，如图 1—1—9 所示。下面介绍更换操作面板的方法与步骤。

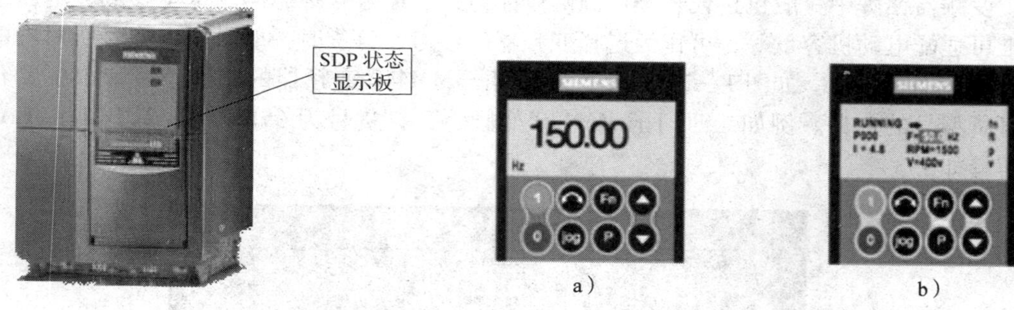

图 1—1—8　MM440 系列变频器出厂时外形图

图 1—1—9　MM4 系列变频器操作面板

a）BOP 基本操作板　b）AOP 高级操作板

1）操作面板的拆卸　按照图 1—1—10 所示的步骤①，用手沿箭头所示方向把门闩销按下，即可将其 SDP 显示板卸下，如图 1—1—10 所示的步骤②。

2）操作面板的安装　安装时将操作面板对准主机正面如图 1—1—11 所示步骤①，先把底边装入，再沿箭头方向按下即可，如图 1—1—11 所示的步骤②、步骤③。

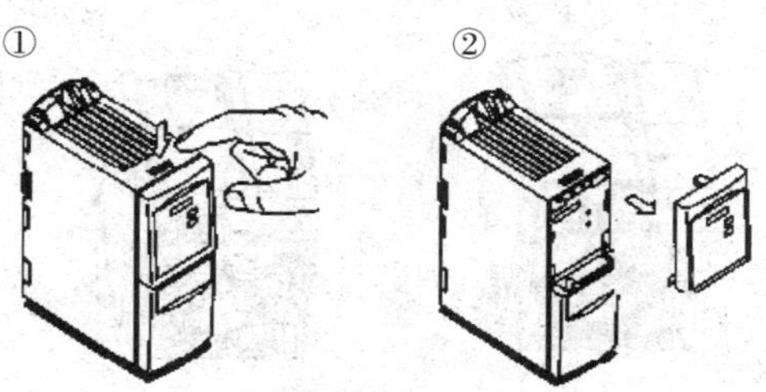

图 1—1—10 操作面板的拆装方法

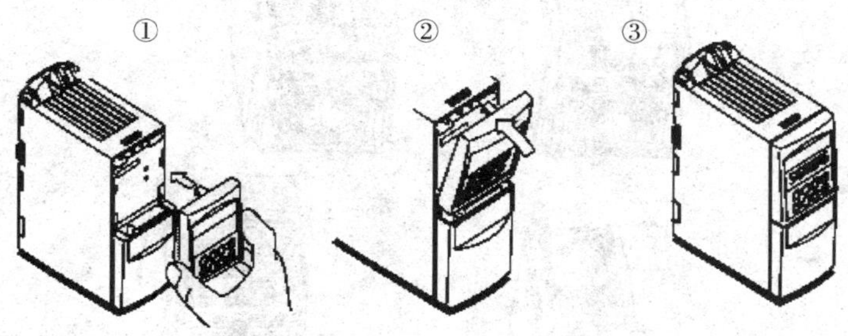

图 1—1—11 操作面板的安装方法

（2）配线盖板的拆卸与安装

1）MM4 系列变频器 A 型机壳的配线盖板的拆装。

如图 1—1—12 所示，先拆卸操作面板后，在将配线盖板向前拉即可简单卸下。安装步骤与拆卸时顺序相反。

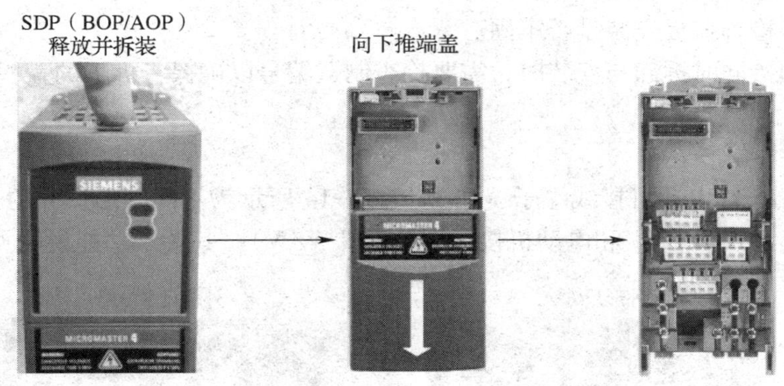

图 1—1—12 A 型机壳配线盖板拆卸步骤

2）MM4 系列变频器 B 型和 C 型机壳的配线盖板的拆装。

第一步，先拆卸操作面板，如图 1—1—13 所示的步骤①、步骤②。

第二步，拆卸控制端子的小盖板，如图 1—1—13 所示的步骤③、步骤④。

第三步，拆卸主回路的盖板，如图 1—1—13 所示的步骤⑤、步骤⑥。

安装步骤与拆卸时顺序相反。

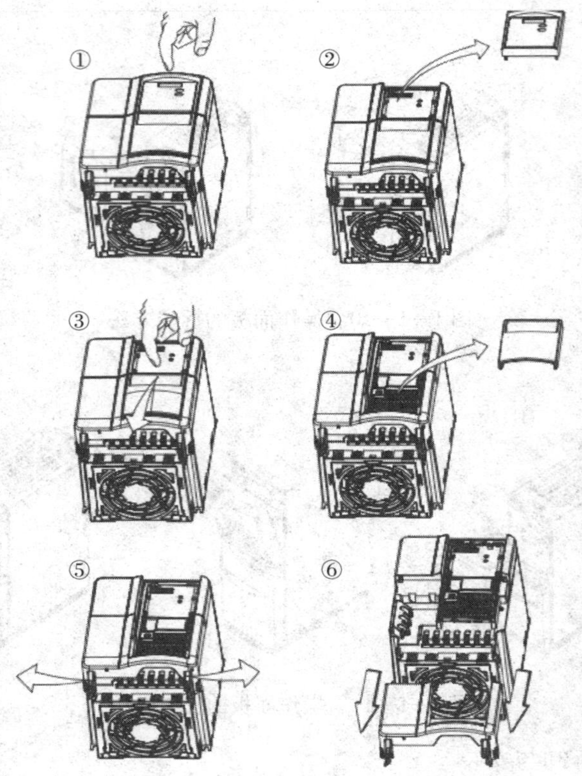

图 1—1—13　B 型和 C 型机壳的变频器配线盖板的拆卸步骤

拆装时应注意事项：

①拆装时不要盲目地硬敲、拉，以防损坏盖板。

②安装后，检查盖板安装是否牢固。

③多台变频器同时拆卸与安装时，需要检查制造编号以确保将拆下的盖板安装在原来的变频器上。

4. 认识接线端子

（1）电源端子与电动机接线端子　如图 1—1—14 所示为不同外形尺寸的 MM4 系列变频器的电源端子（L1/L2/L3）和电动机接线端子（U/V/W）。其端子功能说明见表 1—1—2。

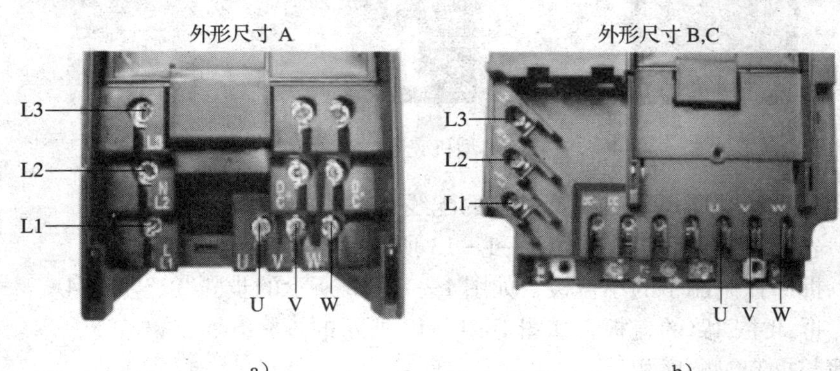

a）　　b）

外形尺寸 D、E

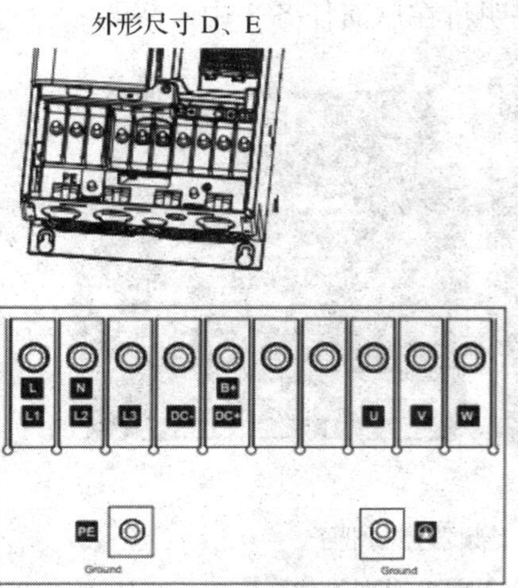

外形尺寸 F

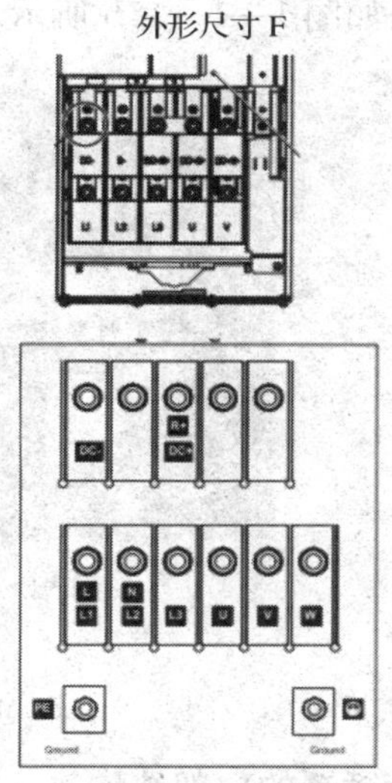

c）　　d）

外形尺寸 FX,GX

PE
W1/L3
V1/L2
U1/L1
PE
U2/T1
V2/T2
W2/T3

e）

图 1—1—14　MM4 系列变频器主接线端子

表 1—1—2　　电源和电动机端子功能说明

引脚符号	引脚名称	说　明
L1、L2、L3	交流电源输入端	交流电源与变频器之间一般是通过低压断路器连接
U、V、W	变频器输出端	接三相交流异步电机
PE	接地端子	变频器外壳必须接地

（2）控制端子　MM420 变频器的控制端子如图 1—1—15a 所示，MM430/MM440 变频器、的控制端子如图 1—1—15b 所示。端子功能说明将在后面任务 3 中讲解。

a）　　　　b）

图 1—1—15　变频器控制端子

a）MM420 变频器　b）MM430/MM440 变频器

二、变频器的内部结构

目前，通用变频器的变换环节大多采用交—直—交变频变压方式。交—直—交变频器是先把工频交流电通过整流器变成直流电，然后再把直流电逆变成频率、电压连续可调的交流电。通用变频器内部基本结构框图如图 1—1—16 所示，主要由主电路、主控电路、控制电源、采样及驱动电路和键盘与显示等电路组成。

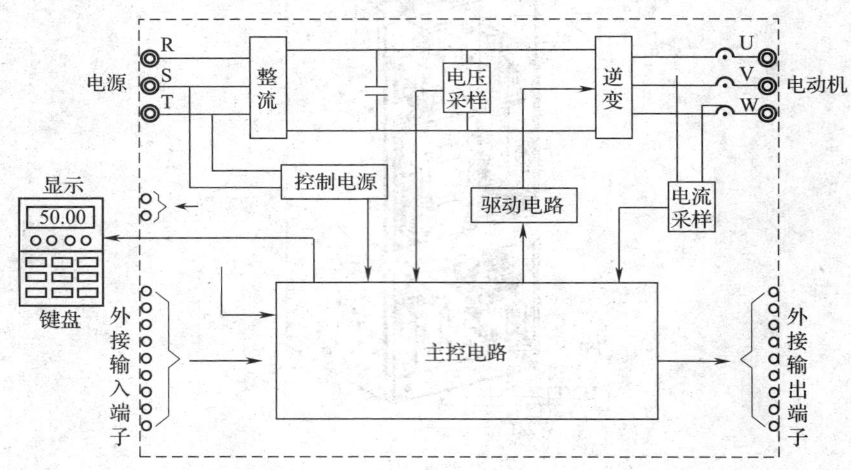

图 1—1—16　通用变频器内部基本结构框图

1．主控电路

（1）主控电路的基本任务

1）接收各种信号

①在功能预置阶段，接收对各功能的预置信号。

②接收从键盘或外接输入端子输入的给定信号。

③接收从外接输入端子输入的控制信号。

④接收从电压、电流采样电路以及其他传感器输入的状态信号。

2）进行基本运算　最主要的运算包括：

①进行向量控制运算或其他必要的运算。

②实时地计算出 SPWM 波形各切换点的时刻。

3）输出计算结果

①输出至逆变器件模块的驱动电路，使逆变器件按给定信号及预置要求输出 SPWM 电压波。

②输出给显示器，显示当前的各种状态。

③输出给外接输出控制端子。

（2）主控电路的其他任务

1）实现各项控制功能　接收从键盘和外接输入端子输入的各种控制信号，对 SPWM 信号进行启动、停止、升速、降速、点动等控制。

2）实施各项保护功能　接收从电压、电流采样电路以及其他传感器（如温度传感器）的信号，结合功能中预置的限值，进行比较和判断，如认为已经出现故障，则：

①停止发出 SPWM 信号，使变频器中止输出。

②向输出控制端输出报警信号。

③向显示器输出故障原因信号。

2. 控制电源、采样及驱动电路

（1）控制电源

控制电源为以下各部分提供稳压电源。

1）主控电路　主控电路以计算机电路为主体，要求提供稳定性非常高的 0 ~ +5 V 电源。

2）外控电路

①为给定电位器提供电源，通常为 0 ~ +5 V 或 0 ~ +10 V。

②为外接传感器提供电源，通常为 0 ~ +24 V。

（2）采样电路

采样电路的作用主要是提供控制用数据和保护采样。

1）提供控制用数据　尤其是进行向量控制时，必须测定足够的数据，提供给计算机进行向量控制运算。

2）提供保护采样　将采样值提供给各保护电路（在主控电路内），在保护电路内与有关的极限值进行比较，必要时采取跳闸等保护措施。

（3）驱动电路

驱动电路用于驱动各逆变管。如逆变管为 GTR，则驱动电路还包括以隔离变压器为主体的专用驱动电源。但现在大多数中、小容量变频器的逆变管都采用 IGBT 管，逆变管的控制极和集电极、发射极之间是隔离的，不再需要隔离变压器，故驱动电路常常和主控电路在一起。

3. 变频器的主电路

主电路是给异步电动机提供调压调频电源的电力变换部分，变频器的主电路由三部分组成。一是交—直变换部分，将工频电源变换为直流电的整流滤波电路；二是能耗制动部分（直流中间部分）；三是直—交变换部分，将直流电变换为交流电的逆变电路。如图1—1—17所示为变频器主电路框图，如图 1—1—18 所示是交—直—交变频器的主电路图。

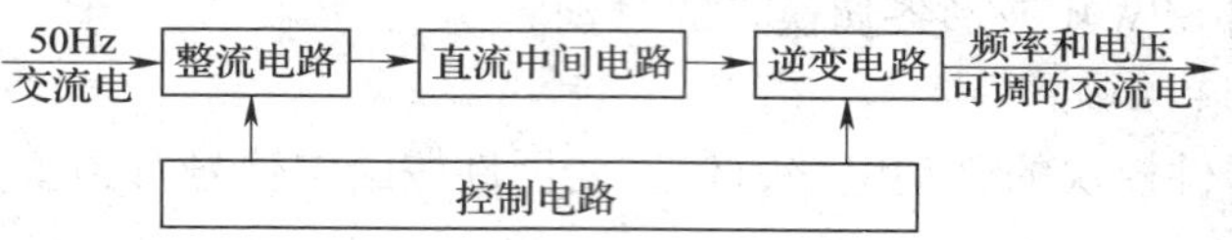

图 1—1—17　变频器主电路框图

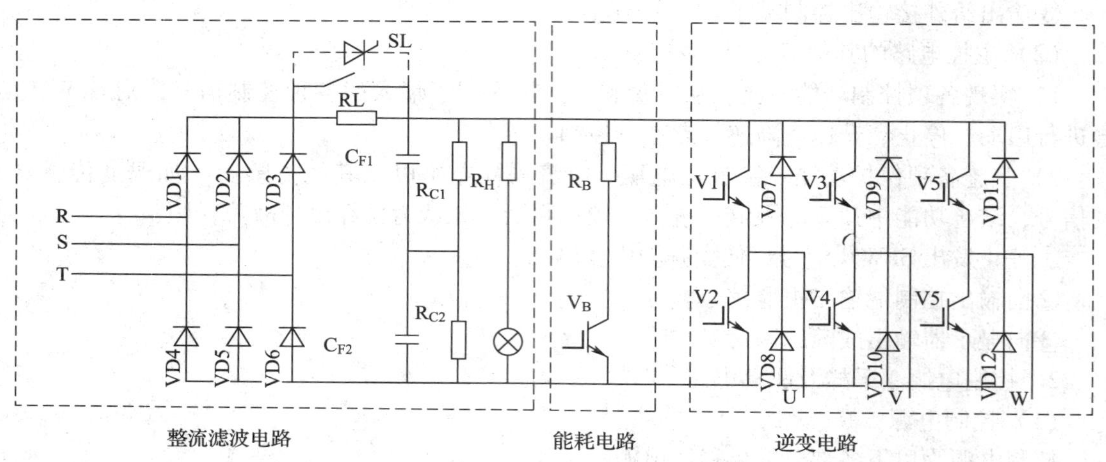

图 1—1—18　交—直—交变频器的主电路

（1）整流滤波电路

整流电路的功能是将交流电转换为直流电，变频器中应用最多的是三相桥式整流电路。通用变频器中采用的整流模块实物如图 1—1—19 所示，小功率整流桥输入多为单相 220 V，较大功率的整流桥输入一般均为三相 380 V 或 440 V。整流后的电压为脉动电压，必须加以电容进行滤波，如图 1—1—20 所示；滤波 C 除滤波作用外，还在整流与逆变之间起去耦、消除干扰作用，给电动机感性负载提供必要的无功功率，由于该大电容储存能量，在断电的短时间内电容两端存在高压电，因而要在电容充分放电后才可进行操作。

图 1—1—19　通用变频器采用的整流模块实物图

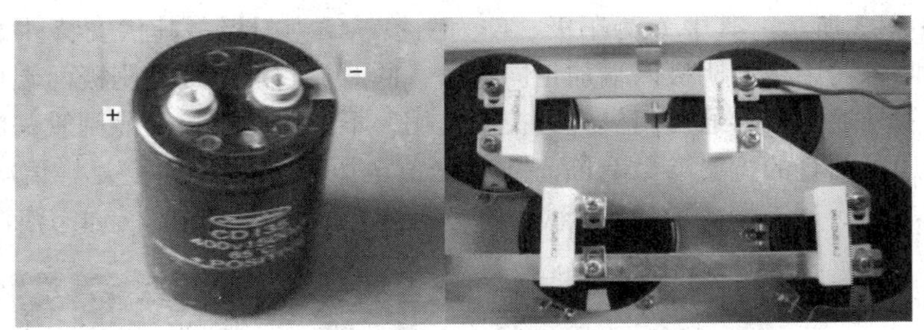

图 1—1—20　滤波电容

按使用的器件不同，整流电路可分为不可控整流电路和可控整流电路。三相桥式整流电路如图 1—1—21 所示。不可控整流电路使用的器件为电力二极管（PD），可控整流电路使用的器件通常为普通晶闸管（SCR）。

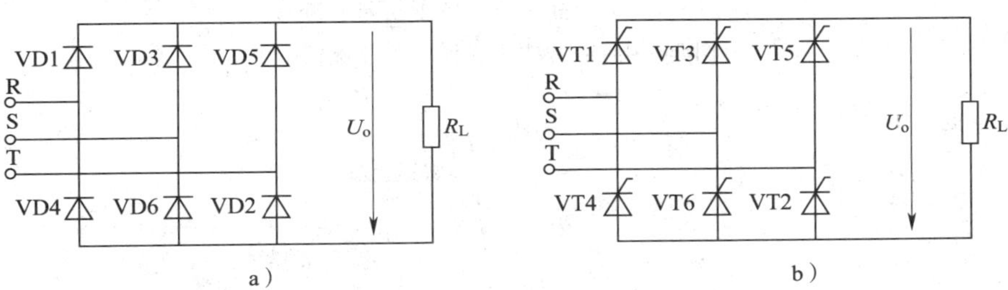

图 1—1—21　三相桥式整流电路

a）不可控整流电路　b）可控整流电路

1）电力二极管（PD）　电力二极管是指可以承受高电压大电流具有较大耗散功率的二极管。电力二极管的内部结构是一个 PN 结，加正向电压导通，加反向电压截止，是不可控的单向导通器件。电力二极管与普通二极管的结构、工作原理和伏安特性相似，但它的主要参数和选择原则等则不尽相同。电力二极管的图形符号、外形和特性曲线如图 1—1—22 所示，其中 A 为阳极、K 为阴极。电力二极管的主要参数有正向平均电流 I_F、反向重复峰值电压 U_{RRM}、正向平均电压 U_F等。

图 1—1—22　电力二极管的图形符号、外形和特性曲线

a）图形符号　b）螺旋式二极管外形　c）平板式二极管外形　d）伏安特性曲线

2）普通晶闸管（SCR） 普通晶闸管（SCR）是双极型电流控制器件，其图形符号和外形如图 1—1—23 所示，其中 A 为阳极、K 为阴极、G 为门极，其伏安特性如图 1—1—24 所示。当对晶闸管的阳极和阴极两端加正向电压，同时在它的门极和阴极两端也加适当正向电压时，晶闸管导通。但导通后门极失去控制作用，不能用门极控制晶闸管关断，所以它是半控器件。普通晶闸管的主要参数有断态重复峰值电压 U_{DRM}、反向重复峰值电压 U_{RRM}、通态平均电压 $U_{T(AV)}$、通态平均电流 $I_{T(AV)}$、维持电流 I_H、擎住电流 I_L、通态浪涌电流 I_{TSM} 等。

图 1—1—23 晶闸管的图形符号和外形

a）图形符号 b）螺栓式外形 c）平板式外形

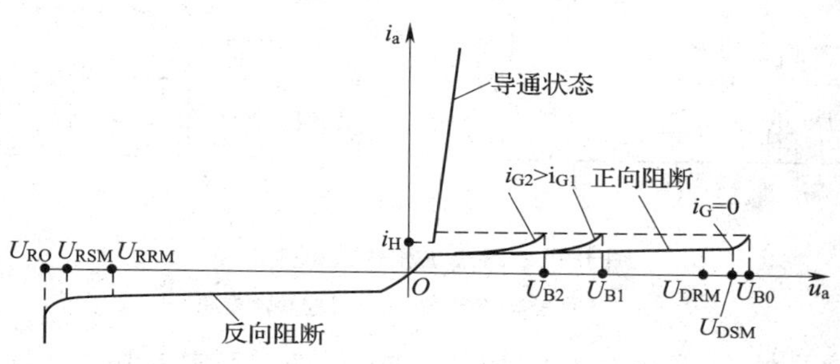

图 1—1—24 晶闸管的伏安特性曲线

（2）能耗制动电路

能耗制动电路的作用是变频器在频率下降的过程中，将回馈的电能通过此电路消耗掉，以避免变频器本身的过电压保护电路动作而切断变频器的正常输出。

（3）逆变电路

逆变电路的功能是将直流电转换为交流电，变频器中应用最多的是三相桥式逆变电路。如图 1—1—25 所示为由电力晶体管（GTR）组成的三相桥式逆变电路，该电路的关键就是对开关器件电力晶体管进行控制。目前，常用的开关器件有门极可关断晶闸管（GTO）、电力晶体管（GTR 或 BJT）、功率场效应晶体管（P－MOSFET）以及绝缘栅双极型晶体管（IGBT）等。

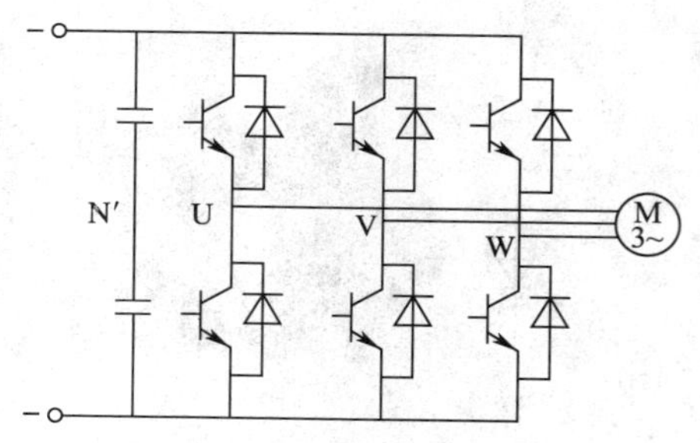

图 1—1—25 由电力晶体管（GTR）组成的三相桥式逆变电路

1）门极可关断晶闸管（GTO） 门极可关断晶闸管（GTO）的开通控制与晶闸管一样，但门极加负电压可使其关断，具有自关断能力，属于全控器件。GTO 的结构和图形符号如图 1—1—26 所示，其中 A 为阳极、K 为阴极、G 为门极，它的外形与普通晶闸管一样。其开关特性如图 1—1—27 所示，图中 t_d 为延迟时间、t_r 为上升时间、t_s 为储存时间、t_f 为下降时间、t_t 为尾部时间。其多数参数与普通晶闸管相同，另外，有最大可关断阳极电流 I_{TGQM} 和关断增益 G_{off} 等参数。

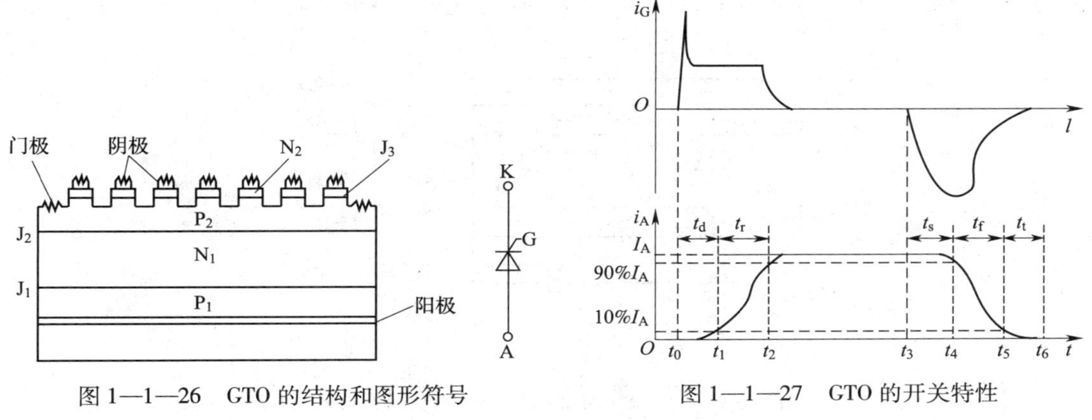

图 1—1—26 GTO 的结构和图形符号

图 1—1—27 GTO 的开关特性

2）电力晶体管（GTR） 电力晶体管（GTR）通常又称为双极型晶体管（BJT），是一种大功率高反压晶体管，属于全控型器件。其工作原理与普通中、小功率晶体管相似，但主要工作在开关状态，不用于信号放大，它承受的电压和电流数值大。GTR 作为大功率开关应用最多的是 GTR 模块，其结构和外形如图 1—1—28 所示，其中 B 为基极、C 为集电极、E 为发射极。其主要参数有反向击穿电压 U_{CEO}、最大工作电流 I_{CM}、集电极最大耗散功率 P_{CM}、开通时间 t_{on}、关断时间 t_{off} 等。

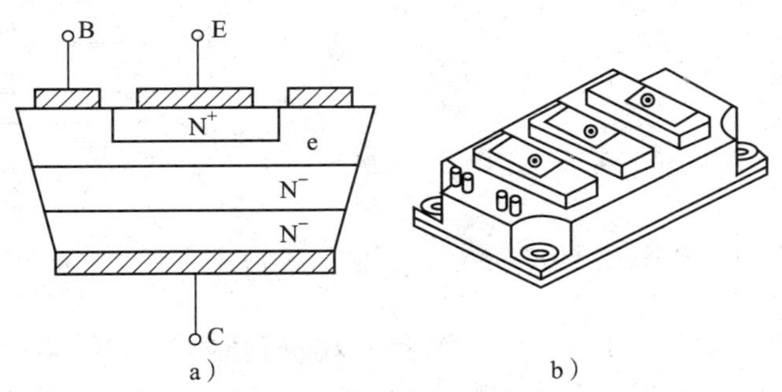

图 1—1—28 GTR 模块的结构和外形

a）结构 b）外形

3）功率场效应晶体管（P－MOSFET） 功率场效应晶体管（P－MOSFET）是单极型全控器件，属于电压控制，具有驱动功率小、控制线路简单、工作频率高的特点。其结构和图形符号如图 1—1—29 所示，其中 G 为栅极、D 为漏极、S 为源极。P－MOSFET 的转移特性如图 1—1—30 所示，当 $u_{GS} < U_T$ 时，i_D 近似为零；当 $u_{GS} > U_T$ 时，随着 u_{GS} 的增大 i_D 也越大，当 i_D 较大时，i_D 与 u_{GS} 的关系近似为线性。P－MOSFET 的输出特性如图 1—1—31 所示，分为可调电阻区Ⅰ、饱和区Ⅱ和雪崩区Ⅲ三个区域。在可调电阻区Ⅰ，器件的阻值是变化的。在饱和区Ⅱ，当 u_{GS} 不变时，i_D 几乎不随 u_{DS} 的增加而增加，近似为一常数。当 P-MOSFET 用作线性放大时，工作饱和区。在雪崩区Ⅲ，当 u_{DS} 增加到某一数值时，漏极 PN 结反偏电压过高，发生雪崩击穿，漏极电流 i_D 突然增加，造成器件的损坏，使用时应避免出现这种情况。P-MOSFET 的主要参数有漏源击穿电压 BU_{DS}、漏极连续电流 I_D、漏极峰值电流 I_{DM}、栅源击穿电压 BU_{GS}、开启电压 U_T、极间电容和通态电阻 Ron 等。

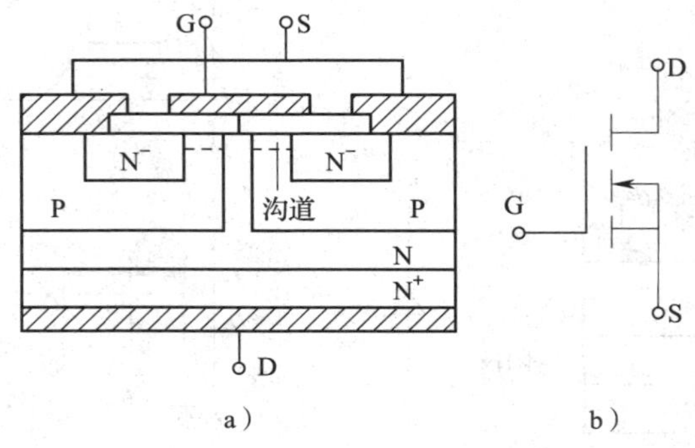

图 1—1—29　P-MOSFET 的结构和图形符号

a）结构　b）图形符号

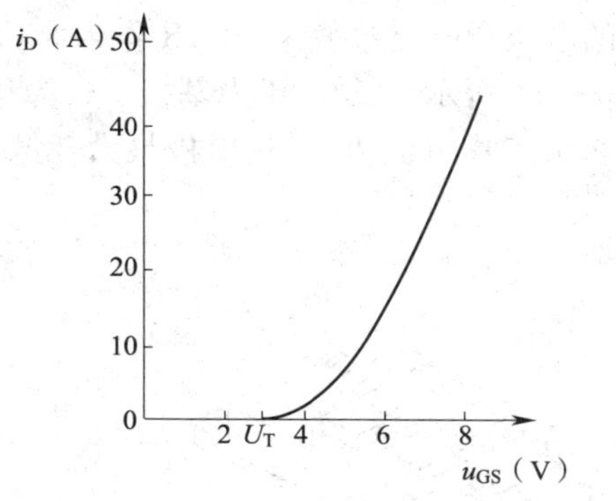

图 1—1—30　P-MOSFET 的转移特性

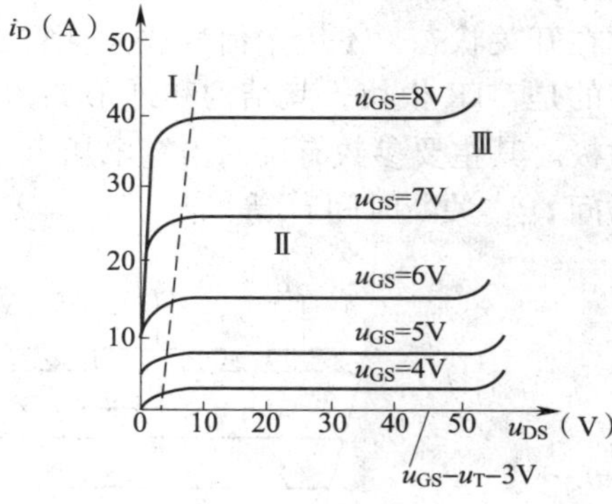

图 1—1—31　P-MOSFET 的输出特性

4）绝缘栅双极型晶体管（IGBT）　绝缘栅双极型晶体管（IGBT）是复合型全控器件，具有输入阻抗高、工作速度快、通态电压低、阻断电压高、承受电流大等优点，是功率开关电源和逆变器的理想电力半导体器件。其外形、结构、图形符号如图 1—1—32 所示，其中 G 为栅极、C 为集电极、E 为发射极。IGBT 的开通和关断是由栅极电压控制的。当栅极加正电压时，MOSFET 内形成沟道，IGBT 导通；当栅极加负电压时，MOSFET 内的沟道消失，IGBT 关断。

绝缘栅双极型晶体管的传输特性如图 1—1—33a 所示，当 u_{GE} 小于开启电压 $U_{GE(th)}$ 时，IGBT 处于关断状态；当 u_{GE} 大于开启电压 $U_{GE(th)}$ 时，IGBT 开始导通，i_C 与 u_{GE} 基本呈线性关系。其输出特性如图 1—1—33b 所示，该特性描述以栅射电压 u_{GE} 为控制变量时，集电极电

流 i_C 与集射极间电压 u_{CE} 之间的相互关系。IGBT 的输出特性可分为三个区域：正向阻断区、有源区和饱和区。IGBT 的主要参数有集电极—发射极击穿电压 U_{CES}、栅极—发射极击穿电压 U_{GES}、集电极额定最大直流电流 I_C、集电极—发射极间的饱和压降 $U_{CE(sat)}$ 和开关频率等。

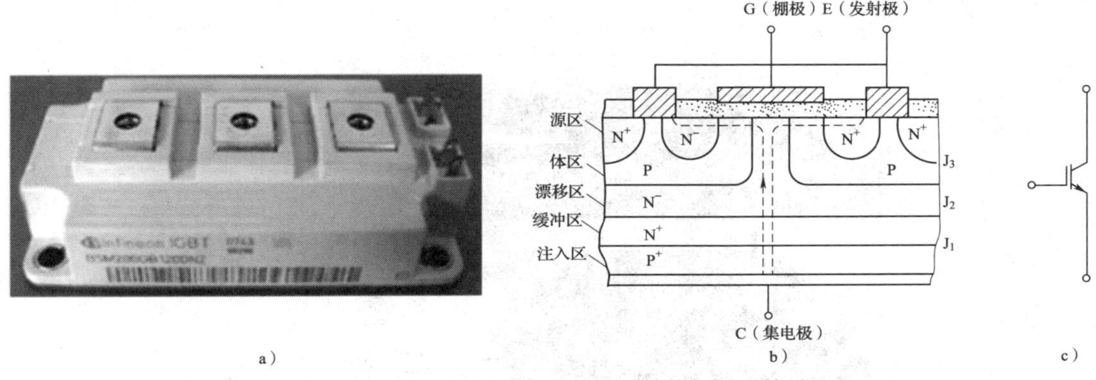

图 1—1—32 IGBT 模块的外形、结构、图形符号

a）IGBT 模块的外形 b）结构 c）图形符号

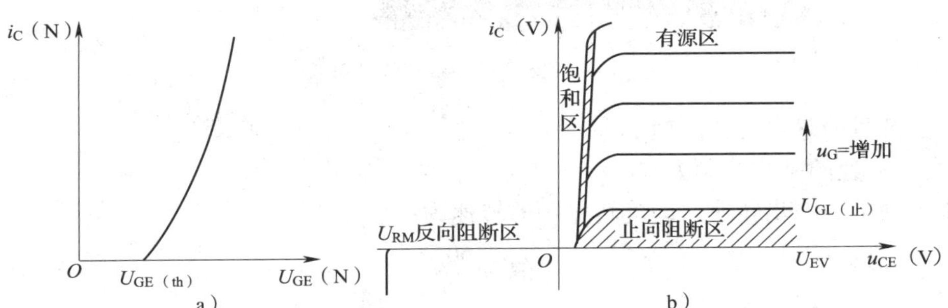

图 1—1—33 IGBT 的静态特性

a）传输特性 b）输出特性

5）智能功率模块（IPM） 智能功率模块（IPM）是一种混合集成电路，是将大功率开关元件和驱动电路、保护电路、检测电路等集成在同一个模块内，是电力集成电路的一种，如图 1—1—34 所示。这种功率集成电路特别适应逆变器高频化发展方向的需要。目前，IPM 一般以 IGBT 为基本功率开关元件，构成单相或三相逆变器的专用功能模块，在中小容量变频器中广泛应用。

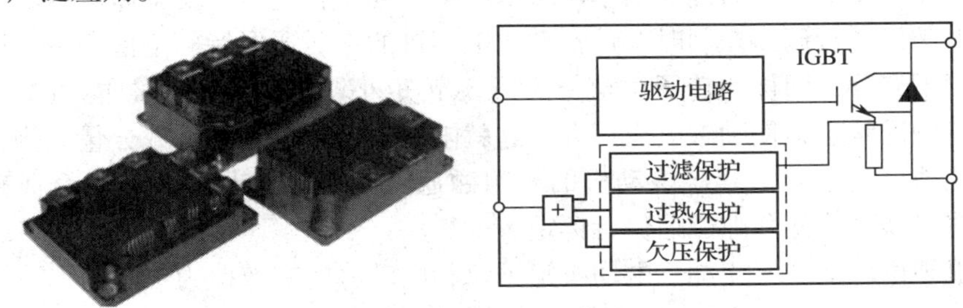

图 1—1—34 智能功率模块及内部结构

如图1—1—35所示是德国欧派克BSM50GD120DN2和富士公司生产的7MBP150RA120－05功率集成模块，二者内部均高度集成了整流模块、逆变模块、各种传感器、保护电路及驱动电路。模块的典型开关频率为20 kHz，保护功能为发生欠电压、过电压和过热故障时，向故障信号灯输出信号。

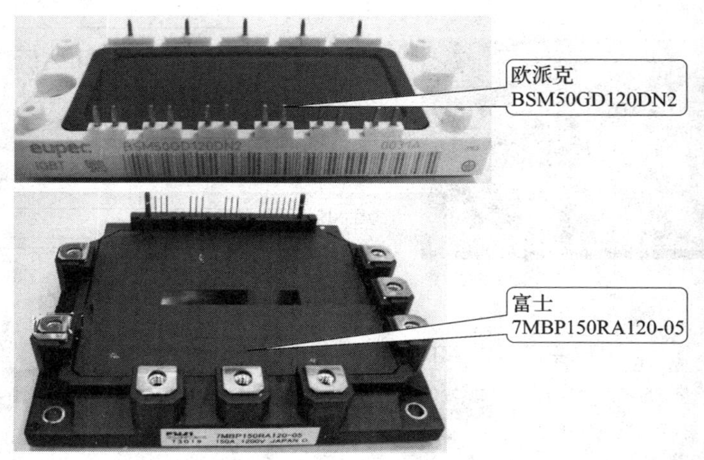

图1—1—35　功率集成模块外形

三、变频器的基本工作原理

1. 变频调速的基本控制方式

异步电动机的同步转速，即旋转磁场的转速为：

$$n_1 = \frac{60f_1}{p} \tag{1—1—1}$$

式中　n_1——同步转速，r/min；

f_1——电动机电源频率，Hz；

p——磁极对数。

而异步电动机的轴转速为：

$$n = n_1 (1-s) = \frac{60f_1}{p}(1-s) \tag{1—1—2}$$

式中　s——异步电动机的转差率，$s=(n_1-n)/n_1$。

可见，改变异步电动机的供电频率，可以改变其同步转速，实现调速运行。

对异步电动机进行调速控制时，通常希望电动机的主磁通保持额定值不变。因为磁通太弱，铁芯利用不充分，同样的转子电流下，电磁转矩小，电动机的负载能力下降；磁通太强，则处于过励磁状态，使励磁电流过大，这就限制了定子电流的负载分量。为使电动机不过热，负载能力也要下降。异步电动机的气隙磁通（主磁通）是定、转子合成磁动势产生的，下面说明怎样才能使气隙磁通保持恒定。

由电动机理论可知，三相异步电动机定子每相电动势的有效值为：

$$E_1 = 4.44 f_1 N_1 \Phi_M \tag{1—1—3}$$

式中　E_1——旋转磁场切割定子绕组产生的感应电动势，V；

f_1——定子电流频率，Hz；

N_1——定子绕组的有效匝数；

Φ_M——每极磁通量，Wb。

由式（1—1—3）可见，Φ_M的值由E_1和f_1共同决定，对E_1和f_1进行适当的控制，就可以使气隙磁通Φ_M保持额定值不变。下面分两种情况进行说明：

（1）基频以下的恒磁通变频调速　这是考虑从基频（电动机额定频率f_{1N}）向下调速的情况。为了保持电动机的负载能力，应保持气隙主磁通Φ_M不变，这就要求降低供电频率的同时降低感应电动势，保持E_1/f_1 = 常数，即保持电动势与频率之比为常数进行控制。这种控制又称为恒磁通变频调速，属于恒转矩调速方式。但是，E_1难于直接检测和直接控制。当E_1和f_1的值较高时，定子的漏阻抗压降相对比较小，如忽略不计，则可以近似地保持定子相电压U_1和频率f_1的比值为常数，即认为$U_1 = E_1$，保持U_1/f_1 = 常数即可。这就是恒压频比控制方式，是近似的恒磁通控制。

当频率较低时，U_1和E_1都变小，定子漏阻抗压降（主要是定子电阻压降）不能再忽略。这种情况下，可以人为地适当提高定子电压以补偿定子电压降的影响，使气隙磁通基本保持不变。如图1—1—36所示，其中1为U_1/f_1 = C时的电压、频率关系，2为有电压补偿时（近似的E_1/f_1 = C）的电压、频率关系。实际装置中，U_1与f_1的函数关系并不简单的如曲线2所示。通用变频器中U_1与f_1之间的函数关系有很多种，可以根据负载性质和运行状况加以选择。

（2）基频以上的弱磁变频调速　这是考虑由基频开始向上调速的情况。频率由额定值f_{1N}向上增大，但电压U_1受额定电压U_{1N}的限制不能再升高，只能保持$U_1 = U_{1N}$不变。必然会使主磁通随着f_1的上升而减小，相当于直流电动机弱磁调速的情况，属于近似的恒功率调速方式。

综合上述两种情况，异步电动机变频调速的基本控制方式如图1—1—37所示。

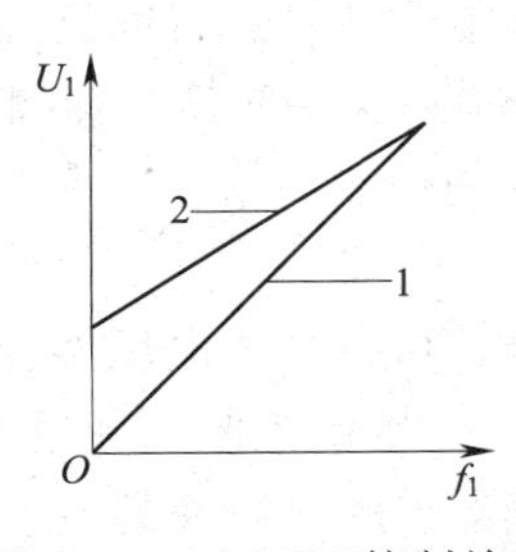

图1—1—36　U/f控制关系

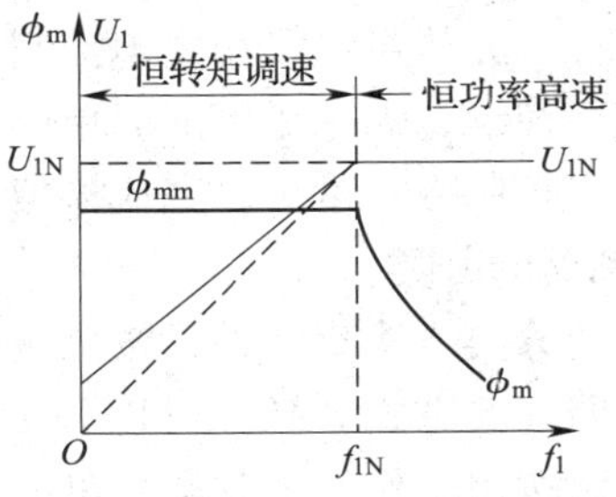

图1—1—37　基本控制方式

由上面的讨论可知，异步电动机的变频调速必须按照一定的规律同时改变其定子电压和频率，即必须通过变频装置获得电压、频率均可调节的供电电源，实现所谓的VVVF调速控制。通用变频器即可适应这种异步电动机变频调速的基本要求。

2. 变频器的基本构成

变频器可分为交—交和交—直—交两种形式。交—交变频器可将工频交流电直接变换成频率、电压均可控制的交流电，又称直接式变频器。而交—直—交变频器则是先把工频交流电通过整流器变成直流电，然后再把直流电变换成频率、电压均可控制的交流电，又称间接式变频器。下面以交—直—交变频器为例进行说明。

变频器的基本构成如图 1—1—38 所示，由主电路（包括整流器、中间直流环节、逆变器）和控制电路组成。

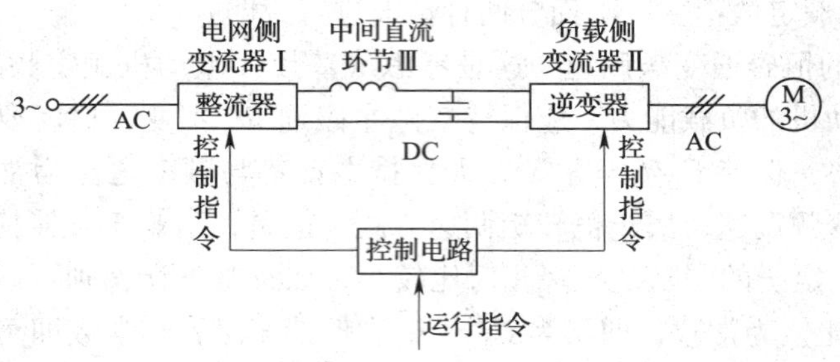

图 1—1—38 变频器的基本构成

（1）整流器 电网侧的变流器Ⅰ是整流器，它的作用是将三相（也可以是单相）交流电转换成直流电。

（2）逆变器 负载侧的变流器Ⅱ为逆变器，最常见的结构形式是利用六个半导体主开关器件组成的三相桥式逆变电路。有规律地控制逆变器中主开关器件的通与断，可以得到任意频率的三相交流电输出。

（3）中间直流环节 由于逆变器的负载为异步电动机，属于感性负载。无论电动机处于电动或发电制动状态，其功率因子总不会为 1。因此，在中间直流环节和电动机之间总会有无功功率的交换。这种无功能量要靠中间直流环节的储能组件（电容器或电抗器）来缓冲，所以又常称中间直流环节为中间直流储能环节。

（4）控制电路 控制电路通常由运算电路、检测电路、控制信号输入输出电路和驱动电路等构成。其主要任务是完成对逆变器的开关控制、对整流器的电压控制以及完成各种保护功能等，其控制方法可以采用模拟控制或数字控制。高性能的变频器目前已经采用微型计算机进行全数字控制，采用尽可能简单的硬件电路，主要靠软件来完成各种功能。由于软件的灵活性，数字控制方式常可以完成模拟控制方式难以完成的功能。

3. 变频器的分类

变频器的分类方法有多种，按照主电路工作方式分类，可以分为电压型变频器和电流型变频器；按照开关方式分类，可以分为 PAM 控制变频器、PWM 控制变频器和高载频 PWM 控制变频器；按照工作原理分类，可以分为 U/f 控制变频器、转差频率控制变频器和矢量控制变频器等；按照用途分类，可以分为通用变频器、高性能专用变频器、高频变频器、单相变频器和三相变频器等。具体分类见表 1—1—3。

以下主要介绍交—直—交变频器按不同角度进行的分类。

（1）按直流电源的性质分类

当逆变器输出侧的负载为交流电动机时，在负载和电流电源之间将有无功功率的交换。用于缓冲无功功率的中间直流环节的储能组件可以是电容或是电感，据此，将变频器分成电流型变频器和电压型变频器两大类。

表 1—1—3　　变频器的分类

分类方式	类型	分类方式	类型
按其供电电压分	低压变频器（110 V 220 V 380 V） 中压变频器（500 V 660 V 1140 V） 高压变频器（3 kV 3. 3 kV 6 kV 6. 6 kV 10 kV）	按输出功率大小分	小功率变频器 中功率变频器 大功率变频器
按供电电源的相数分	单相输入变频器 三相输入变频器	按用途分	通用变频器 高性能专用变频器 高频变频器
按直流电源的性质分	电流型变频器 电压型变频器	按主开关器件分	IGBT 变频器 GTO 变频器 GTR 变频器
按变换环节分	交—直—交变频器 交—交变频器	按机壳外形分	塑壳变频器 铁壳变频器 柜式变频器
按输出电压调制方式分	PAM（脉幅调制）控制变频器 PWM（脉宽调制）控制变频器	接其商标所有权分	国产变频器 台湾变频器 进口变频器
按控制方式分	U/f 控制变频器 转差频率控制变频器 矢量控制变频器 直接转矩控制变频器		

1）电流型变频器　电流型变频器主电路的典型结构如图 1—1—39 所示。其特点是中间直流环节采用大电感作为储能环节，无功功率将由该电感来缓冲。由于电感的作用，直流电流 I_d 趋于平稳，电动机的电流波形为方波或阶梯波，电压波形接近于正弦波。直流电源的内阻较大，近似于电流源，故称为电流源型变频器或电流型变频器。这种电流型变频器，其逆变器中晶闸管在每周期内工作 120°，属于 120°导电型。

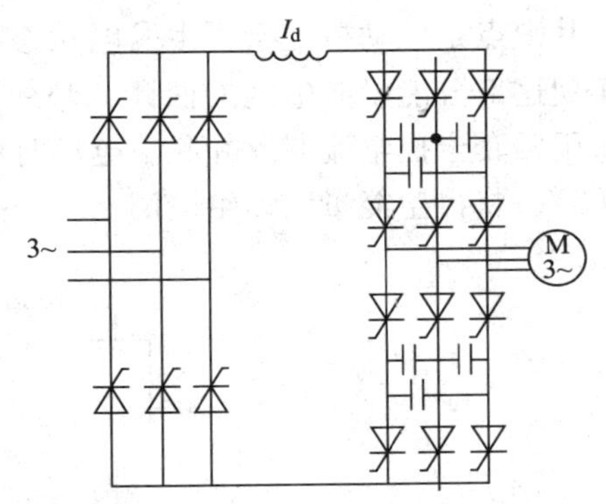

图 1—1—39　电流型变频器主电路的典型结构

电流型变频器的一个较突出的优点是当电动机处于再生发电状态时，回馈到直流侧的再生电能可以方便地回馈到交流电网，无须在主电路内附加任何设备，只要利用电网侧的不可逆变流器改变其输出电压极性（控制角 $\alpha > 90°$）即可。

这种电流型变频器可用于频繁急加减速的大容量电动机的传动。在大容量风机、泵类节能调速中也有应用。

2）电压型变频器　电压型变频器主电路的一种典型结构如图 1—1—40 所示，其中用于逆变器晶闸管的换相电路未画出。图 1—1—40 中逆变器的每个导电臂均由一个可控开关器件和一个不控器件（二极管）反并联组成。晶闸管 VT1 ~ VT6 称为主开关器件，VD1 ~ VD6 称为回馈二极管。

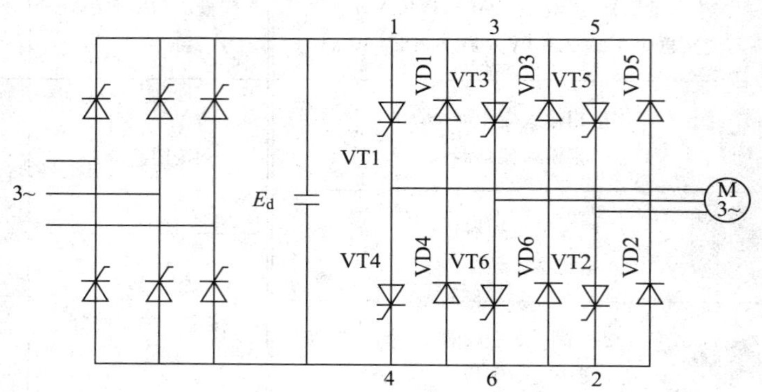

图 1—1—40　电压型变频器主电路的典型结构

这种变频器大多数情况下采用 6 个脉冲波形的运行方式，晶闸管在一个周期内导通 180°。该电路的特点是中间直流环节的储能组件采用大电容，负载的无功功率将由它来缓冲。由于大电容的作用，主电路直流电压 E_d 比较平稳，电动机端的电压为方波或阶梯波。直流电源内阻比较小，相当于电压源，故称为电压源型变频器或电压型变频器。

对负载电动机而言，变频器是一个交流电压源，在不超过容量限度的情况下，可以驱动多台电动机并联运行，具有不选择负载的通用性。

其缺点是电动机处于再生发电状态时，回馈到直流侧的无功能量难以回馈给交流电网。要实现这部分能量向电网的回馈，必须采用可逆变流器。如图 1—1—41 所示，电网侧变流器采用两套全控整流器反并联。电动时由电桥Ⅰ供电，回馈时电电桥Ⅱ做有源逆变运行（α >90°），将再生能量回馈给电网。

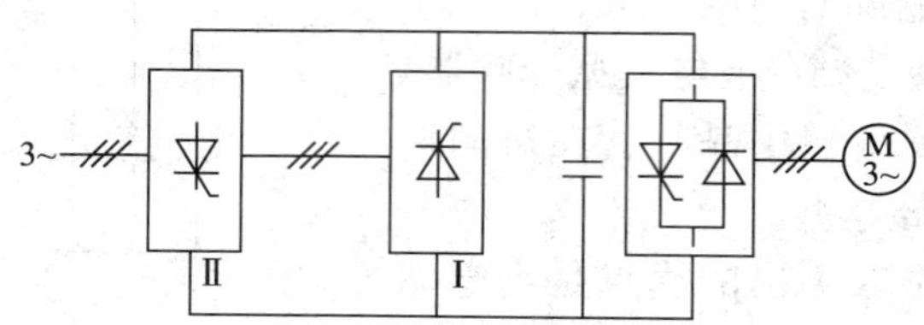

图 1—1—41　再生能量回馈型电压型变频器

（2）按输出电压调节方式分类

变频调速时，需要同时调节逆变器的输出电压和频率，以保证电动机主磁通的恒定。对输出电压的调节主要有 PAM 方式和 PWM 方式两种。

1）PAM 方式　脉冲幅值调节方式（Pulse Amplitude Modulation）简称 PAM 方式，是通过改变直流电压的幅值进行调压的方式。在变频器中，逆变器只负责调节输出频率，而输出电压的调节则由相控整流器或直流斩波器通过调节直流电压 E_d 去实现。采用相控整流器调压时，电网侧的功率因子随调节深度的增加而变低。而采用直流斩波器调压时，电网侧功率因子在不考虑谐波影响时，可以达到 $\cos\varphi_1 \approx 1$。采用直流斩波器的 PAM 方式如图 1—1—42 所示。

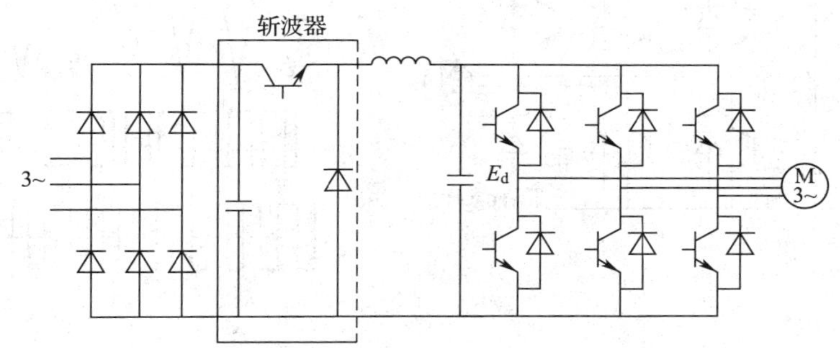

图 1—1—42　采用直流斩波器的 PAM 方式

PAM 控制方式下，高压和低压时 6 脉冲方波逆变器的输出线电压波形如图 1—1—43 所示。

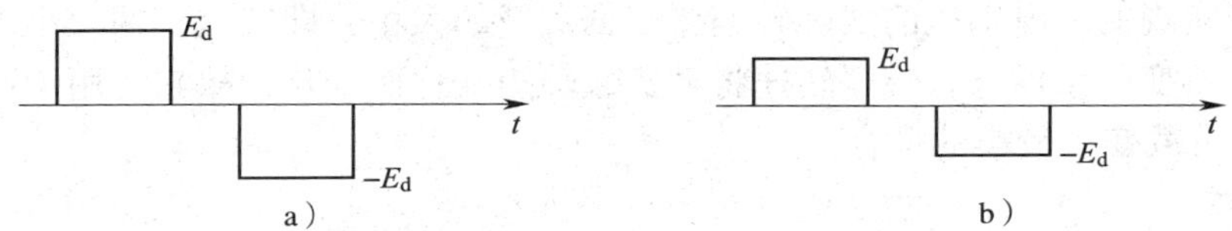

图 1—1—43　PAM 控制方式下输出电压波形

a）高压时　b）低压时

2）PWM 方式　脉冲宽度调制方式（Pulse Width Modulation）简称 PWM 方式，PWM 变频器如图 1—1—44 所示。最常见的主电路如图 1—1—44a 所示。变频器中的整流器采用不可控的二极管整流电路。变频器的输出频率和输出电压的调节均由逆变器按 PWM 方式来完成。

PWM 变频器调压时的波形如图 1—1—44b 所示。利用参考电压波 u_r 与载频三角波 u_c 互相比较来决定主开关器件的导通时间而实现调压，即利用脉冲宽度的改变来得到幅值不同的正弦基波电压。这种参考信号为正弦波、输出电压平均值近似为正弦波的 PWM 方式，称为正弦 PWM 调制，（Sinusoidal Pulse Width Modulation）简称 SPWM 方式。通用变频器采用 SP-WM 方式调压，是一种最常采用的方案。

（3）按控制方式分类

1）*U/f* 控制　按照图 1—1—36 所示的电压、频率关系对变频器的频率和电压进行控制，称为 *U/f* 控制方式。基频以下可以实现恒转矩调速，基频以上则可以实现恒功率调速。

U/f 方式又称为 VVVF 控制方式，其简化的原理框图如图 1—1—45 所示。主电路中逆变模块大都采用高速全控开关器件 GTR、IGBT 等，用 PWM 方式进行控制。逆变模块的控制脉冲发生器同时受控于频率指令 f^* 和电压指令 U，而 f^* 与 U 之间的关系是由 *U/f* 曲线发生器

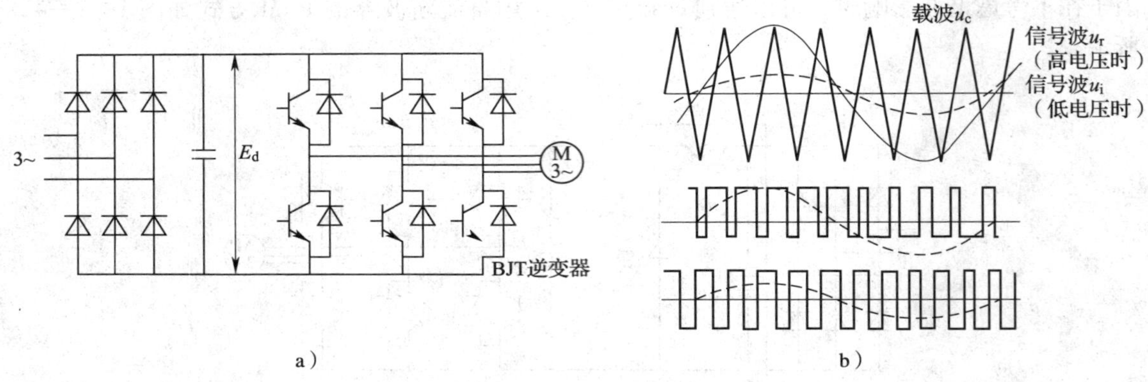

图 1—1—44　PWM 变频器

a）主电路　b）调压时的波形

（U/f 模式形成）决定的。这样经 PWM 控制之后，变频器的输出频率 f、输出电压 U 之间的关系，就是 U/f 曲线发生器所确定的关系。由图 1—1—45 可见，转速的改变是靠改变频率的设定值 f^* 来实现的。电动机的实际转速要根据负载的大小，即转差率的大小来决定。负载变化时，在 f^* 不变的条件下，转子转速将随负载转矩变化而变化，故它常用于速度精度要求不十分严格或负载变动较小的场合。

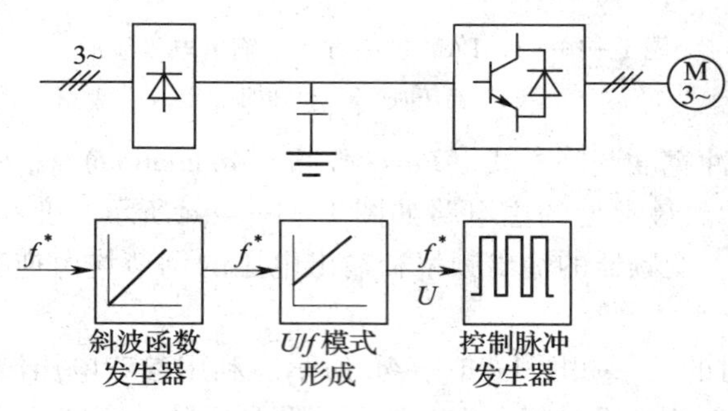

图 1—1—45　U/f 控制方式

U/f 控制是转速开环控制，无须速度传感器，控制电路简单，负载可以是通用标准异步电动机，所以通用性强，经济性好，是目前通用变频器产品中使用较多的一种控制方式。

2）转差频率控制　在没有任何附加措施的情况下，变频器为 U/f 控制方式，如果负载变化，转速也会随之变化，转速的变化量与转差率成正比。这时 U/f 控制的静态调速精度显然较差，为提高调速精度，常采用转差频率控制方式。

根据速度传感器的检测，可以求出转差频率 Δf，再把它与速度设定值 f^* 相加，以该相加值作为逆变器的频率设定值 f_1^*，就实现了转差补偿。这种实现转差补偿的死循环控制方式称为转差频率控制方式。与 U/f 控制方式相比，其调速精度大为提高。但是，使用速度传感器求取转差频率，要针对具体电动机的机械特性调整控制参数，因而这种控制方式的通用性较差。

3）矢量控制　上述 *U/f* 控制方式和转差频率控制方式的控制思想都是建立在异步电动机的静态数学模型上的，因此，动态性能不高。对于轧钢、造纸设备等对动态性能要求较高的场合，可以采用矢量控制变频器。

采用矢量控制方式的目的主要是提高变频调速的动态性能。根据交流电动机的动态数学模型，利用坐标变换的手段，将交流电动机的定子电流分解成磁场分量电流和转矩分量电流，并分别加以控制，即模仿自然解耦的直流电动机的控制方式，对电动机的磁场和转矩分别进行控制，以获得类似于直流调速系统的动态性能。

4．脉宽调制技术

脉宽调制控制方式就是对逆变电路开关器件的通断进行控制，使输出端得到一系列幅值相等而宽度不等的脉冲，其脉冲宽度按正弦规律变化，用这些脉冲来代替正弦波所需要的波形。也就是在输出波形的一个周期中产生若干个脉冲，使各脉冲的等值电压为正弦波状，所获得的输出平滑且低次谐波少。按一定的规则对各脉冲的宽度进行调制，既可改变逆变电路输出电压的大小，也可以改变输出频率的大小。

如图 1—1—46 所示为电压型相控交—直—交型变频电路。为了使输出电压和输出频率都得到控制，变频器通常由一个可控整流电路和一个逆变电路组成，控制整流电路以改变输出电压，控制逆变电路来改变输出频率。如图 1—1—47 所示为电压型 PWM 交—直—交变频电路。图 1—1—47 中的可控整流电路在这里由不可控整流电路代替，逆变电路采用自关断器件。这种 PWM 型变频电路的主要特点：可以得到相当接近正弦波的输出电压；整流电路采用二极管，可获得接近于 1 的功率因子；电路结构简单；通过对输出脉冲宽度的控制可改变输出电压，加快了变频过程的动态响应。

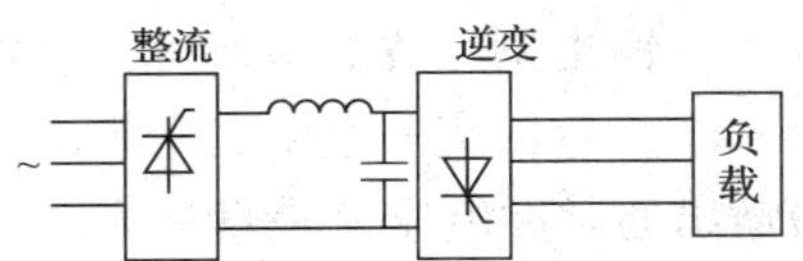

图 1—1—46　电压型相控交—直—交变频电路

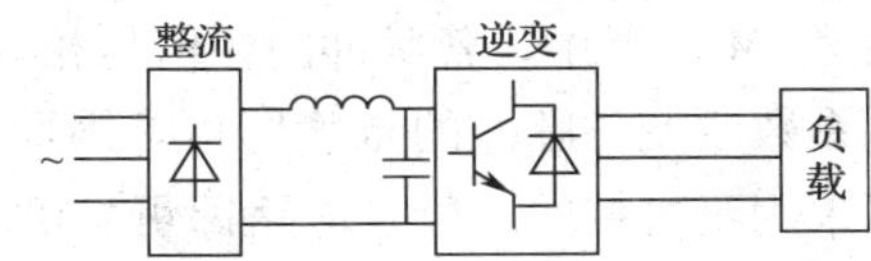

图 1—1—47　电压型 PWM 交—直—交变频电路

基于上述原因，在自关断器件出现并成熟后，PWM 控制技术就获得了很快的发展，已成为电力电子技术中一个重要的组成部分。

（1）PWM 控制的基本原理

在采样控制理论中有一个重要的结论：冲量相等而形状不同的窄脉冲加在具有惯性的环节上，其效果基本相同。冲量即指窄脉冲的面积。这里所说的效果基本相同，是指该环节的输出响应波形基本相同。如把各输出波形用傅里叶变换分析，则它们的低频段特性非常接近，仅在高频段略有差异。冲量相等形状不同的三种窄脉冲如图 1—1—48 所示，图 1—1—48a所示为矩形脉冲，图 1—1—48b 所示为三角形脉冲，图 1—1—48c 所示为正弦半波脉冲，它们的面积（即冲量）都等于 1。把它们分别加在具有相同惯性的同一环节上，输出响应基本相同。脉冲越窄，输出的差异越小。

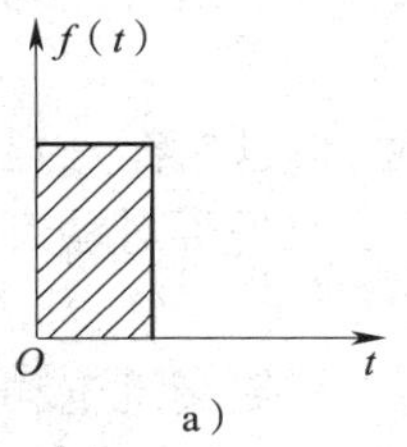

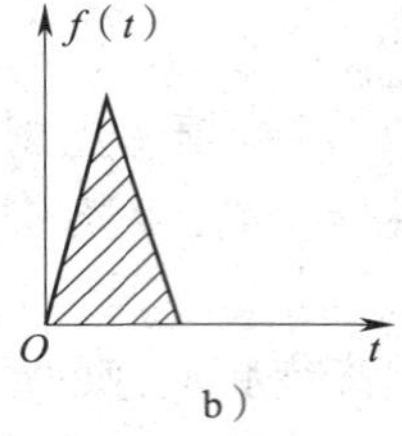

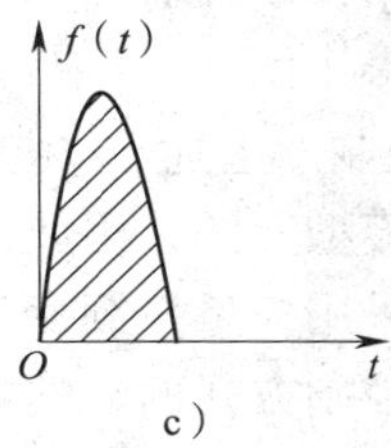

图 1—1—48　冲量相等形状不同的三种窄脉冲

a）矩形脉冲　b）三角形脉冲　c）正弦半波脉冲

上述结论是 PWM 控制的重要理论基础。下面来分析如何用一系列等幅而不等宽的脉冲代替正弦波。

把图 1—1—49a 所示的正弦半波波形分成 N 等份，就可把正弦半波看成由 N 个彼此相连的脉冲所组成的波形。这些脉冲宽度相等，都等于 π/N，但幅值不等，且脉冲顶部不是水平直线，而是曲线，各脉冲的幅值按正弦规律变化。如果把上述脉冲序列用同样数量的等幅而不等宽的矩形脉冲序列代替，使矩形脉冲的中点和相应正弦等分的中点重合，且使矩形脉冲和相应正弦部分面积（冲量）相等，就可得到图 1—1—49b 所示的脉冲序列，这就是 PWM 波形。可以看出，各脉冲的宽度是按正弦规律变化的。根据冲量相等效果相同的原理，PWM 波形和正弦半波是等效的。对于正弦波的负半周，也可以用同样的方法得到 PWM 波形。像这种脉冲的宽度按正弦规律变化而和正弦波等效的 PWM 波形，也称为 SPWM（Sinusoidal PWM）波形。

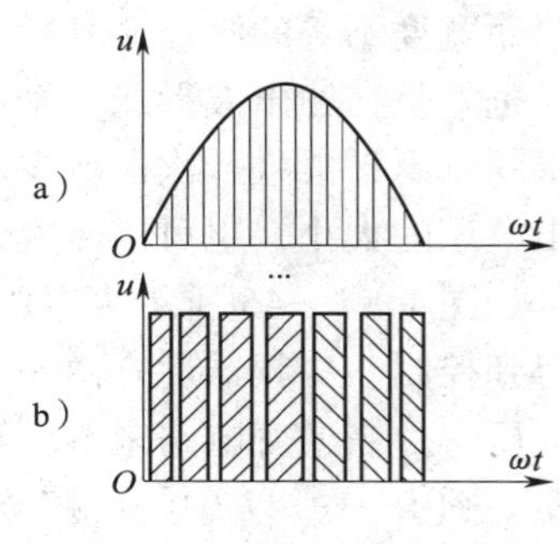

图 1—1—49　等效原理

在 PWM 波形中，各脉冲的幅值是相等的，要改变等效输出正弦波的幅值时，只要按同一比例系数改变各脉冲的宽度即可。因此，在图 1—1—47 所示的交—直—交变频器中，整流电路采用不可控的二极管电路即可，PWM 逆变电路输出的脉冲电压就是直流侧电压的幅值。

根据上述原理，在给出了正弦波频率、幅值和半个周期内的脉冲数后，PWM 波形各脉冲的宽度和间隔就可以准确计算出来。按照计算结果控制电路中各开关器件的通断，就可以得到所需要的 PWM 波形。但是，这种计算是很烦琐的，正弦波的频率、幅值等变化时，结果都要变化。较为实用的方法是采用调制的方法，即把所希望的波形作为调制信号，把接收调制的信号作为载波，通过对载波的调制得到所期望的 PWM 波形。一般采用等腰三角波作为载波，因为等腰三角波上下宽度与高度成线性关系且左右对称，当它与任何一个平缓变化的调制信号波相交时，如果在交点时刻控制电路中开关器件的通断，就可以得到宽度正比于信号波幅值的脉冲，这正好符合 PWM 控制要求。当调制信号波为正弦波时，所得到的就是 SPWM 波形。这种情况使用最广，这里所介绍的 PWM 控制主要就是指 SPWM 控制。当调制信号不是正弦波时，也能得到与调制信号等效的 PWM 波形。

采用电力晶体管作为开关器件的电压型单相桥式 PWM 逆变电路如图 1—1—50 所示，假设负载为电感性，对各晶体管的控制按下面的规律进行：在正半周期，让晶体管 VT1 一直保持导通，而让晶体管 VT4 交替通断。当 VT1 和 VT4 导通时，负载上所加的电压为直流电源电压 U_d。当 VT1 导通而使 VT4 关断后，由于电感性负载中的电流不能突变，负载电流将通过二极管 VD3 续流，负载上所加电压为零。如负载电流较大，那么直到使 VT4 再一次导通之前，VD3 一直持续导通。如负载电流较快地衰减到零，在 VT4 再一次导通之前，负载电压也一直为零。这样，负载上的输出电压 u_0就可得到零和 U_d交替的两种电平。同样，在负半周期，让晶体管 VT2 保持导通。当 VT3 导通时，负载被加上负电压 $-U_d$，当 VT3 关断时，VD4 续流，负载电压为零，负载电压 u_0可得到 $-U_d$和零两种电平。这样，在一个周期内，逆变器输出的 PWM 波形就由 $\pm U_d$和 0 三种电平组成。

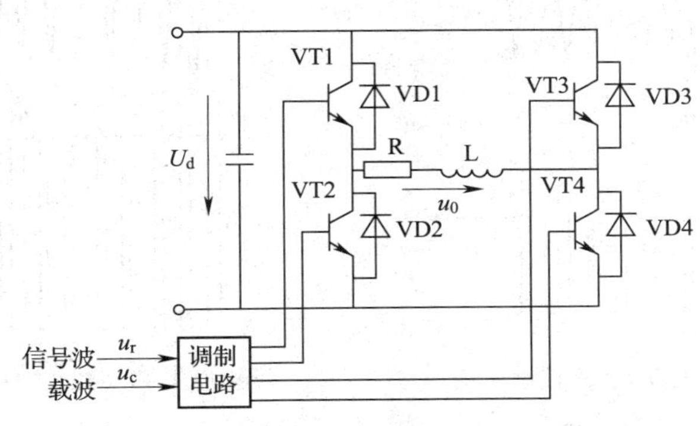

图 1—1—50　单相桥式 PWM 逆变电路

单极性 PWM 控制原理如图 1—1—51 所示。载波 u_c在信号波 u_r的正半周为正极性的三角波，在负半周为负极性的三角波。调制信号 u_r为正弦波。在 u_r和 u_c的交点时刻控制晶体管 VT4 或 VT3 的通断，在 u_r的正半周，VT1 保持导通，当 $u_r > u_c$时，使 VT4 导通，负载电压 $u_0 = U_d$，当 $u_r < u_c$时，使 VT4 关断，$u_0 = 0$；在 U_r的负半周，VT1 关断，VT2 保持导通，当 $u_r < u_c$时，使 VT3 导通，$u_0 = -U_d$，当 $u_r > u_c$时，使 VT3 关断，$u_0 = 0$。这样，就得到了 SPWM 波形。图 1—1—51 中的虚线 u_{0f}表示 u_0中的基波分量。像这种在 u_r的半个周期内三角波载波只在一个方向变化，所得到的 PWM 波形也只在一个方向变化的控制方式称为单极性 PWM 控制方式。

与单极性 PWM 控制方式不同的是双极性 PWM 控制方式。图 1—1—50 中单相桥式逆变电路在采用双极性控制方式时的波形如图 1—1—52 所示。在双极性方式中，u_r的半个周期内，三角波载波 u_c是在正负两个方向变化的，所得到的 PWM 波形也是在两个方向变化的。在 u_r的一个周期内，输出的 PWM 波形只有 $\pm u_d$两种电平。仍然在调制信号 u_r和载波信号 u_c的交点时刻控制各开关器件的通断。在 u_r的正负半周，对各开关器件的控制规律相同，当 $u_r > u_c$时，给晶体管 VT1 和 VT4 以导通信号，给 VT2、VT3 以关断信号，输出电压 $u_0 = U_d$。当 $u_r < u_c$时，给 VT2、VT3 以导通信号，给 VT1 和 VT4 以关断信号，输出电压 $u_0 = -U_d$。可以看出，同一半桥上下两个桥臂晶体管的驱动信号极性相反，处于互补工作方式。在电感性负载的情况下，若 VT1 和 VT4 处于导通状态时，给 VT1 和 VT4 以关断信号，而给 VT2、VT3 以导通信号后，则 VT1 和 VT4 立即关断，因为感性负载电流不能突变，VT2、VT3 也不能立即导通，二极管 VD2 和 VD3 导通续流。当感性负载电流较大时，直到下一次 VT1

和 VT4 重新导通前，负载电流方向始终未变，VD2 和 VD3 持续导通，而 VT2 和 VT3 始终未导通。当负载电流较小时，在负载电流下降到零之前，VD2 和 VD3 续流，之后 VT2 和 VT3 导通，负载电流反向。不管 VD2 和 VD3 导通，还是 VT2 和 VT3 导通，负载电压都是 $-U_d$。从 VT2 和 VT3 导通向 VT1 和 VT4 导通切换时，VD1 和 VD4 的续流情况和上述情况类似。

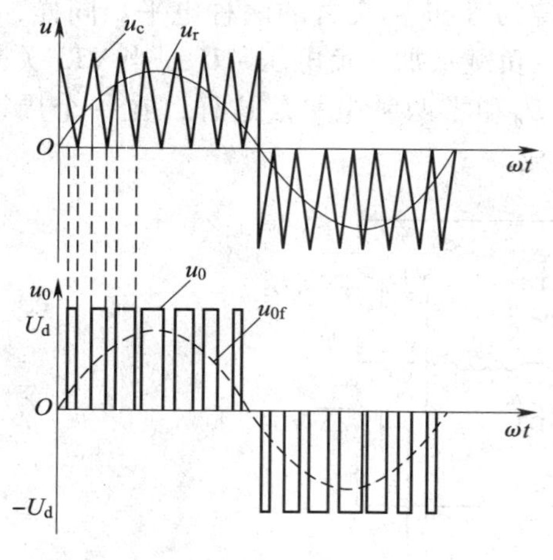

图 1—1—51　单极性 PWM 控制原理

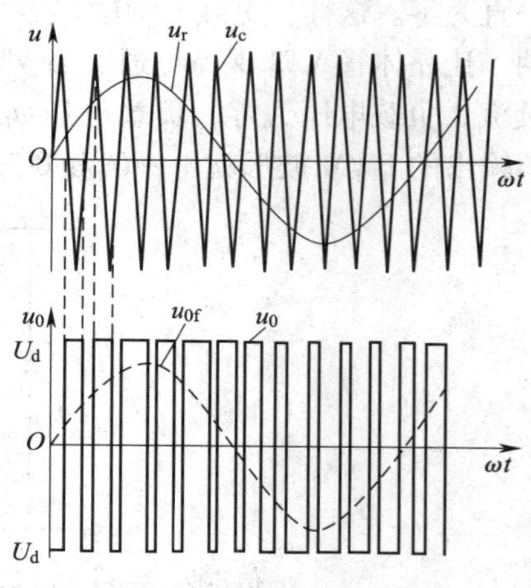

图 1—1—52　双极性 PWM 波形

在 PWM 型逆变电路中，使用最多的是如图 1—1—53 所示的三相桥式逆变电路，其控制方式一般都采用双极性方式。U、V 和 W 三相的 PWM 控制通常共享一个三角波载波 U_c，三相调制信号 u_{rU}、u_{rV} 和 u_{rW} 的相位依次相差 120°。U、V 和 W 各相功率开关器件的控制规律相同，现以 U 相为例来说明。当 $u_{rU} > U_c$ 时，给上桥臂晶体管 VT1 以导通信号，给下桥臂晶体管 VT4 以关断信号，则 U 相相对于直流电源假想中点 N′的输出电压 $u'_{UN} = U_d/2$。当 $u_{rU} < U_c$ 时，给 VT4 以导通信号，给 VT1 以关断信号，则 $u'_{UN} = -U_d/2$。VT1 和 VT4 的驱动信号始

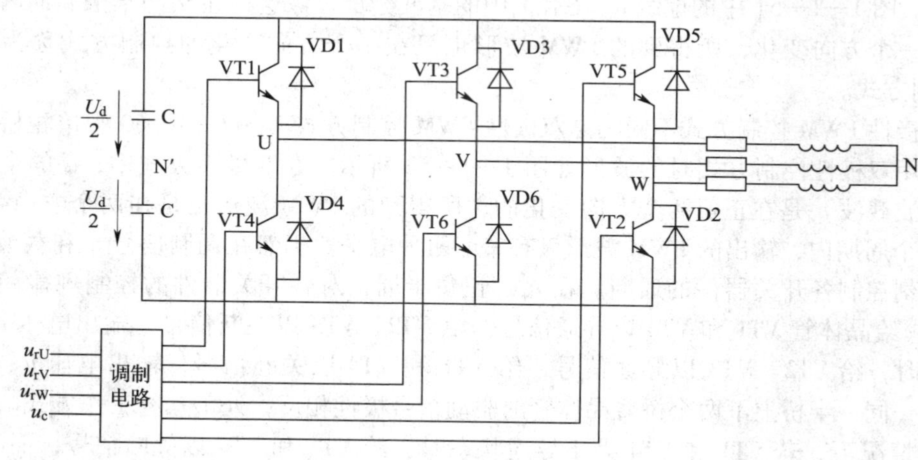

图 1—1—53　三相桥式逆变电路

终是互补的。当给 VT1（VT4）加导通信号时，可能是 VT1（VT4）导通，也可能是二极管 VD1（VD4）续流导通，这要由感性负载中原来电流的方向和大小来决定，和单相桥式逆变电路双极性 PWM 控制时的情况相同。V 相和 W 相的控制方式和 U 相相同。

三相 PWM 逆变电路波形如图 1—1—54 所示。这些波形都只有 $\pm U_d$ 两种电平。像这种逆变电路相电压（$u_{UN'}$、$u_{VN'}$、$u_{WN'}$）只能输出两种电平的三相桥式电路无法实现单极性控制。图 1—1—54 中，线电压 u_{UV} 的波形可由 $u_{UN'}-u_{VN'}$ 得出。当 VT1 和 VT6 导通时，$u_{UV}=U_d$，当 VT3 和 VT4 导通时 $u_{UV}=-U_d$，当 VT1 和 VT3 或 VT4 和 VT6 导通时，$u_{UV}=0$，因此，逆变器输出线电压由 $\pm U_d$、0 三种电平构成。图 1—1—46 中的负载相电压可由下式求得：

$$u_{UN}=u_{UN'}-\frac{(u_{UN'}+u_{VN'}+u_{WN'})}{3} \tag{1—1—4}$$

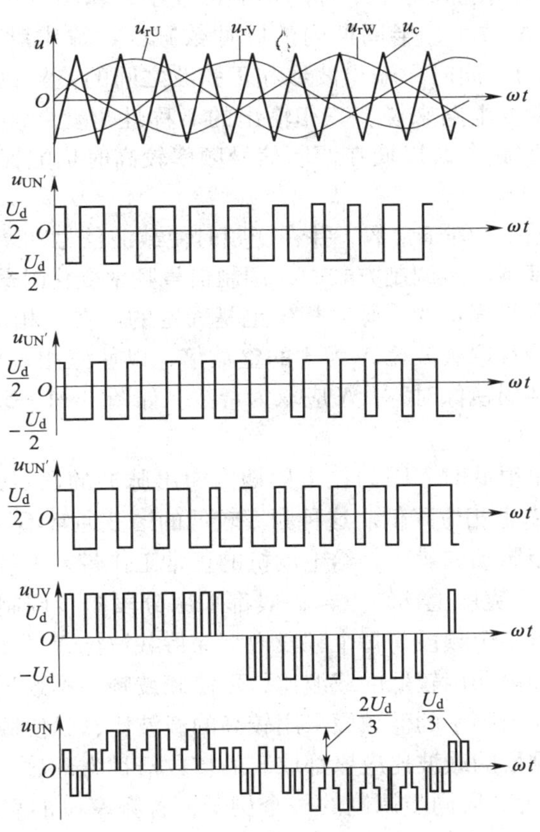

图 1—1—54　三相 PWM 逆变电路波形

从图 1—1—54 中可以看出，它由（$\pm 2/3$）U_d、（$\pm 1/3$）U_d 和 0 共 5 种电平组成。在双极性 PWM 控制方式中，同一相上下两个臂的驱动信号都是互补的。但实际上为了防止上下两个臂直通而造成短路，在给一个臂施加关断信号后，延迟 Δt 时间，才给另一个臂施加导通信号。延迟时间的长短主要由功率开关器件的关断时间决定。这个延迟时间将影响输出的 PWM 波形，使其偏离正弦波。

（2）PWM 逆变电路的控制方式

在 PWM 逆变电路中，载波频率f_c与调制信号频率f_r之比 $N=f_c/f_r$，称为载波比，根据载波和信号波是否同步及载波比的变化情况，PWM 逆变电路可以有异步调制和同步调制两种控制方式。

1）异步调制　载波信号和调制信号不保持同步关系的调制方式称为异步调制。图1—1—45 中的波形就是异步调制三相 PWM 波形。在异步调制方式中，调制信号频率f_r变化时，通常保持载波频率f_c固定不变，因而载波比 N 是变化的。这样，在调制信号的半个周期内，输出脉冲的个数不固定，脉冲相位也不固定，正负半周期的脉冲不对称，同时，半周期内前后 1/4 周期的脉冲也不对称。

当调制信号频率较低时，载波比 N 较大，半周期内的脉冲数较多，正负半周期脉冲不对称和半周期内前后 1/4 周期脉冲不对称的影响都较小，输出波形接近正弦波。当调制信号频率增高时，载波比 N 减小，半周期内的脉冲数减少，输出脉冲的不对称性影响就变大，还会出现脉冲的跳动。同时，输出波形和正弦波之间的差异也变大，电路输出特性变坏。对于三相 PWM 型逆变电路来说，三相输出的对称性也变差。因此，在采用异步调制方式时，应尽量提高载波频率，以使在调制信号频率较高时仍能保持较大的载波比，改善输出特性。

2）同步调制　载波比 N 等于常数，并在变频时使载波信号和调制信号保持同步的调制方式称为同步调制。在基本同步调制方式中，调制信号频率变化时载波比 N 不变。调制信号半个周期内输出的脉冲数是固定的，脉冲相位也是固定的。在三相 PWM 逆变电路中，通常共用一个三角波载波信号且取载波比 N 为 3 的整数倍，以使三相输出波形严格对称，同时，为了使一相的波形正负半周镜像对称，N 应取为奇数。如图 1—1—55 所示的波形是 $N=9$ 时的同步调制三相 PWM 波形。

在逆变电路输出频率很低时，因为在半周期内输出脉冲的数目是固定的，所以由 PWM 产生的f_c 附近的谐波频率也相应降低。这种频率较低的谐波通常不易滤除，如果负载为电动机，就会产生较大的转矩脉动和噪声，给电动机的正常工作带来不利影响。

3）分段同步调制　为克服上述缺点，一般都采用分段同步调制的方法，即把逆变电路的输出频率范围划分成若干个频段，每个频段内都保持载波比 N 为恒定，不同频段的载波比不同。在输出频率的高频段采用较低的载波比，以使载波频率不致过高，在功率开关器件所允许的频率范围内。在输出频率的低频段采用较高的载波比，以使载波频率不致过低而对负载产生不利的影响。各频段的载波比应该都取 3 的整数倍且为奇数。

如图 1—1—57 所示为分段同步调制的一个例子，各频率段的载波比标在图中。为了防止在频率切换点附近时载波比来回跳动，在各频率切换点采用了滞后切换的方法。图1—1—56中切换点处的实线表示输出频率增高时的切换频率，虚线表示输出频率降低时的切换频率，前者略高于后者而形成滞后切换。在不同的频率段内，载波频率的变化范围基本一致，f_c在 1.4 ~2 kHz 之间。提高载波频率可以使输出波形更接近正弦波，但载波频率的提高受到功率开关器件允许最高频率的限制。另外，在采用微型计算机进行控制时，载波频率还受到微型计算机计算速度和控制算法计算量的限制。

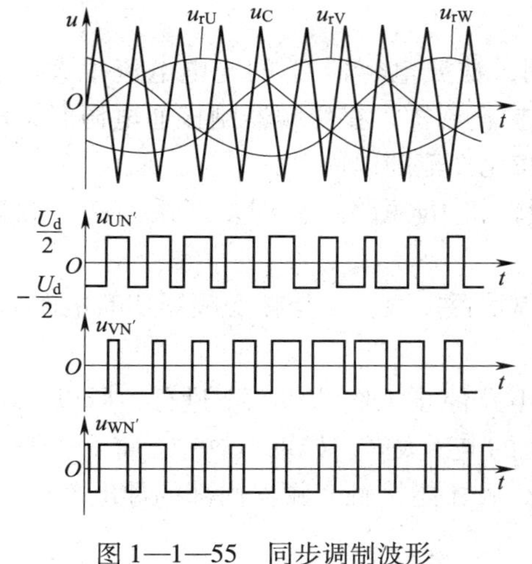

图 1—1—55　同步调制波形

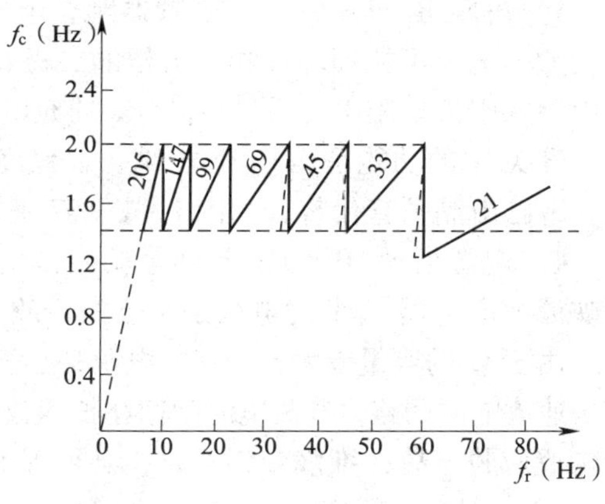

图 1—1—56　分段同步调制

同步调制方式比异步调制方式复杂一些，但使用微型计算机控制时还是容易实现的。有些电路在低频输出时采用异步调制方式，而在高频输出时切换到同步调制方式，这种方式可把两者的优点结合起来，和分段同步调制方式的效果接近。

5. 脉宽调制（PWM）变频器

PWM 变频器的主电路如图 1—1—57 所示。由图 1—1—57 可知，PWM 逆变器的主电路就是基本逆变电路，区别在于 PWM 控制技术上。

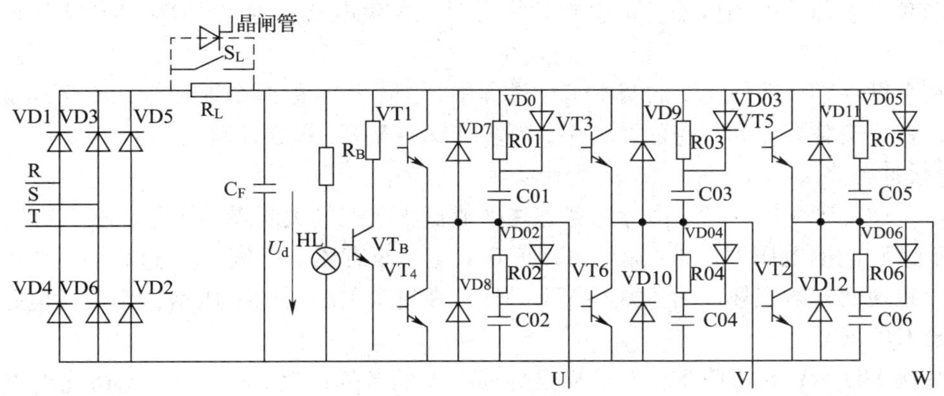

图 1—1—57　PWM 变频器的主电路

（1）交—直部分

1）整流二极管 VD1 ~ VD6　由 VD1 ~ VD6 组成三相整流桥，将三相交流电转换成直流电。若电源的线电压为 U_L，则三相全波整流后平均直流电压为：

$$U_d = 1.35\ U_L \tag{1—1—5}$$

若三相交流电源的线电压为 380 V，则全波整流后的平均电压为：

$$U_d = 1.35 \times 380\ \text{V} = 513\ \text{V}$$

2）滤波电容器 C_F　滤波电容器 C_F 的功能是消除整流后的电压纹波；当负载变化时，使直流电压保持平稳。

3）电阻 R_L与开关 S_L　变频器刚合上电源的瞬间，滤波电容器 C_F的充电电流很大，过大的冲击电流可能损坏三相整流桥的二极管。为了保护整流桥，在变频器刚接通电源时，电路中串入限流电阻 R_L，将电容器 C_F的充电电流限制在允许范围以内。

开关 S_L的功能是当 C_F充电到一定程度时 S_L接通，将 R_L短路。在许多新系列的变频器里，S_L已由晶闸管代替，如图 1—1—57 中虚线所示。

4）电源指示 HL　HL 有两个功能，一是表示电源是否接通；二是在变频器切断电源后，反映滤波电容器 C_F上的电荷是否已经释放完毕。

由于 C_F的容量较大，而切断电源又必须在逆变器电路停止工作的状态下进行，所以 C_F没有快速放电的回路，其放电时间往往长达数分钟；C_F上的电压太高，如果不放完，将对人身安全构成威胁。故在维修变频器时，必须等 HL 完全熄灭后才能接触变频器内部的导电部分。

（2）直—交部分

1）逆变三极管 VT1 ~ VT6　逆变三极管是变频器实现变频的具体执行组件，是变频器的核心部分。图 1—1—56 中由 VT1 ~ VT6 组成逆变桥，将 VD1 ~ VD6 整流所得的直流电，再转换为频率可调的交流电。

2）续流二极管 VD7 ~ VD12

续流二极管的主要功能有：

①电动机是电感性负载，其电流具有无功分量。VD7 ~ VD12 为无功电流返回直流电源时提供通道。

②当频率下降、电动机处于再生制动状态时，再生电流将通过 VD7 ~ VD12 返回直流电路。

③在 VT1 ~ VT6 进行逆变的基本工作过程中，同一桥臂的两个逆变管，不停地交替导通和截止，在这交替导通和截止的过程中，需要 VD7 ~ VD12 提供通路。

3）缓冲电路

①每次逆变管 VT1 ~ VT6 由导通状态切换成截止状态的关断瞬间，集电极（C 极）和发射极（E 极）间的电压 U_{CE}将迅速地由接近 0 V 上升至直流电压值 U_d。过高的电压增长率将有可能导致逆变管的损坏。为了减小 VT1 ~ VT6 在每次关断时的电压增长率，在电路中接入了电容器 C_{01} ~ C_{06}。

②每次 VT1 ~ VT6 由截止状态切换成导通状态的接通瞬间，C_{01} ~ C_{06}上所充的电压（等于 U_d），将向 VT1 ~ VT6 放电。此放电电流的初始值很大，将迭加到负载电流上，导致 VT1 ~ VT6 的损坏。R_{01} ~ R_{06}的功能就是限制逆变管在接通瞬间 C_{01} ~ C_{06}的放电电流。

③当 R_{01} ~ R_{06}接入时，会影响 C_{01} ~ C_{06}在 VT1 ~ VT6 关断时减小电压增长率的效果。为此接入 VD_{01} ~ VD_{06}，其功能主要有两个：一是在 VT1 ~ VT6 的关断过程中，使 R_{01} ~ R_{06}不起作用；二是在 VT1 ~ VT6 的接通过程中，又迫使 C_{01} ~ C_{06}的放电电流流经 R_{01} ~ R_{06}。

不同型号的变频器中，缓冲电路的结构也不尽相同。

（3）制动电阻和制动单元

1）制动电阻 R_B　电动机在工作频率下降过程中将处于再生制动状态，拖动系统的动能将要回馈到直流电路中，使直流电压 U_d不断上升，甚至可能达到危险的地步。因此，在电路中接入制动电阻 R_B，用来消耗这部分能量，使 U_d保持在允许范围内。

2）制动单元 VT_B　由大功率晶体管 GTR 及其驱动电路构成制动单元 VT_B。其功能是为放电电流 I_B流经 R_B提供通路。

在整流电路中采用自关断器件进行 PWM 控制，可使电网侧的输入电流接近正弦波，并且功率因子接近于 1，可达到彻底解决对电网的影响问题。

任务实施

一、任务准备

实施本任务所需的实训设备及工具材料见表 1—1—4。

表 1—1—4　　实训设备及工具材料

序号	分类	名称	型号规格	数量	备注
1	工具	电工常用工具		1	
2	仪表	万用表	型号自定	1	
3	设备器材	变频器	西门子 MM4 系列变频器	1	
			其他品牌变频器	若干	

二、认识变频器的铭牌

在教师指导下，查找相关资料，认识各品牌变频器的铭牌、外观和结构，如图1—1—58所示。

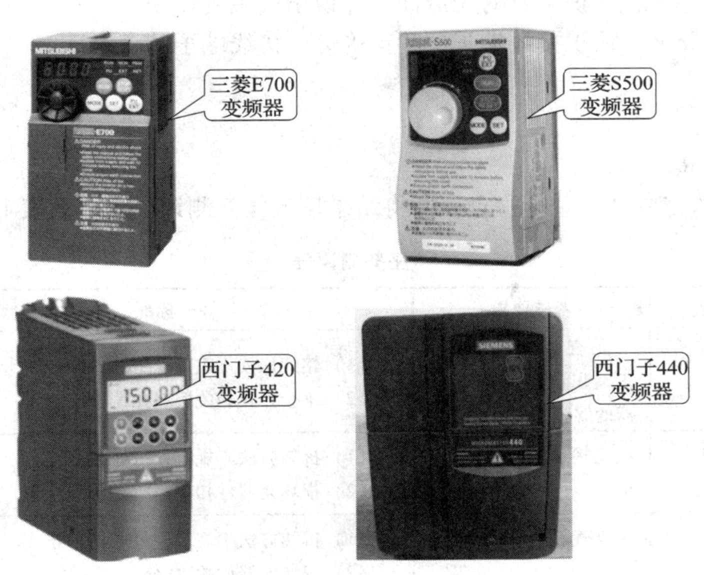

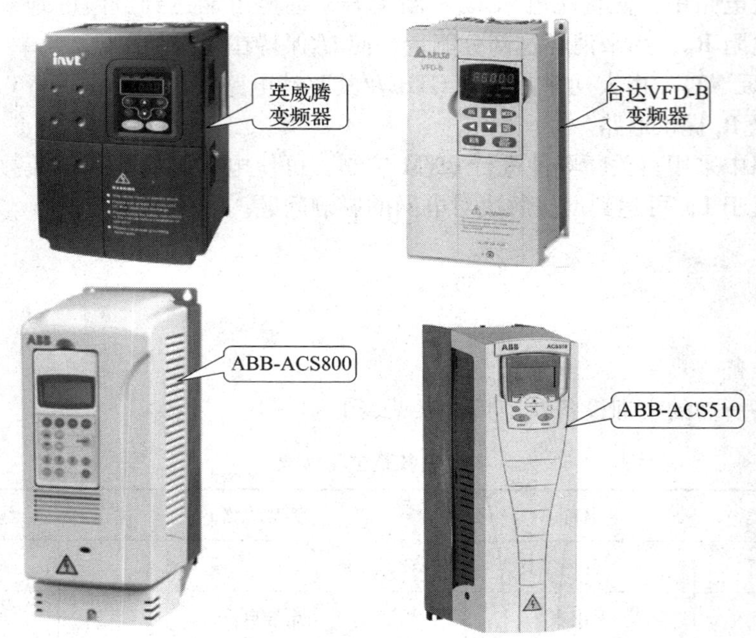

图 1—1—58　各种品牌变频器外形

三、变频器的硬件拆装

1. 在教师指导下，按照图 1—1—11 所示方法反复练习操作面板的拆卸与安装。
2. 在教师指导下，按照图 1—1—12 所示方法反复练习 A 型机壳配线盖板的拆卸与安装。

四、认识变频器的内部结构

1. 在教师指导下，认识变频器的主要结构单元，并说出其主要功能。
2. 在教师指导下，认识主要的元器件，并说出其主要作用。
3. 在教师指导下，认识接线端子，并正确理解接线端子的含义。

任务测评

对任务实施的完成情况进行检查，并将结果填入任务测评表内，见表 1—1—5。

表 1—1—5　　任务测评表

序号	考核内容	考核要求	评分标准	配分	得分
1	识读铭牌	能查找相关资料，正确识读各品牌变频器的铭牌	（1）铭牌识读不正确，每处扣 5 分 （2）不会查找相关资料扣 5 分	30 分	
2	操作面板的拆卸与安装	能规范拆装操作面板	（1）拆装方法不规范，每处扣 10 分 （2）损坏元器件扣 20 分	20 分	
3	配线盖板的拆卸与安装	能规范拆装配线盖板	（1）拆装方法不规范，每处扣 5 分 （2）损坏元器件扣 30 分	20 分	

续表

序号	考核内容	考核要求	评分标准	配分	得分
4	认识变频器结构	能正确认识变频器的结构	（1）结构单元不能正确识别，每处扣5分 （2）不能正确识别元器件扣5分	30分	
5	安全文明生产	参照相关的法规，确保人身和设备安全	违反安全文明生产规程，扣5～10分		
备注			合计		
			教师签字：		

思考与练习

1．简述操作面板拆卸与安装的方法步骤。

2．简述配线盖板拆卸与安装的方法步骤。

3．实现异步电动机调速有哪几种方案？

4．变频调速时为什么要维持恒磁通控制？恒磁通控制的条件是什么？

5．试分析变频器的基本组成。

6．什么是电压型变频器和电流型变频器？各有什么特点？

7．试分析 PWM 变频器的工作原理。

8．试说明 PWM 控制的基本原理。

9．PWM 和 PAM 的区别是什么？

10．试解释 U/f 模式的概念。

11．什么是异步调制？什么是同步调制？两者各有什么特点？

12．针对某一具体变频设备，让学生借助有关工具书，进行铭牌识读，分析其类型、结构组成、工作原理和控制方式等，并进行拆装与内部结构的识别。

任务2　变频器的面板运行操作

学习目标

1．理解西门子变频器（MM440）操作面板 BOP 上各按键功能含义。

2．掌握西门子变频器（MM440）操作面板的使用及参数设置方法。

3．能够对西门子变频器（MM440）进行快速调试。

4．能独立操作变频器控制电动机的运行。

任务引入

在工厂生产机械设备中，一些设备的运动是由异步电动机拖动实现的。如果要对设备的运动实现调速控制，一般采用变频器对异步电动机进行控制。例如，如图 1—2—1 所示为物料分拣装置，图 1—2—1 中传送带的变速运行是由变频器控制电动机来实现的，其控制线路如图 1—2—2 所示。电动机带动传送带实现运行的曲线如图 1—2—3 所示。现要求利用变频器操作面板控制电动机进行连续运行（运行频率为 20 Hz），从而实现传送带的运行。

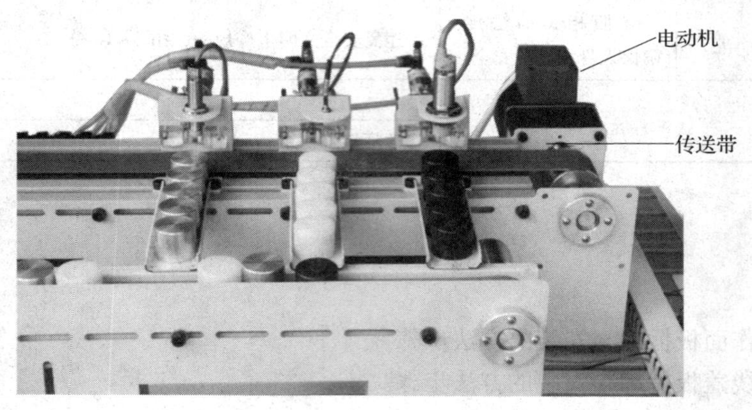

图 1—2—1　物料分拣装置

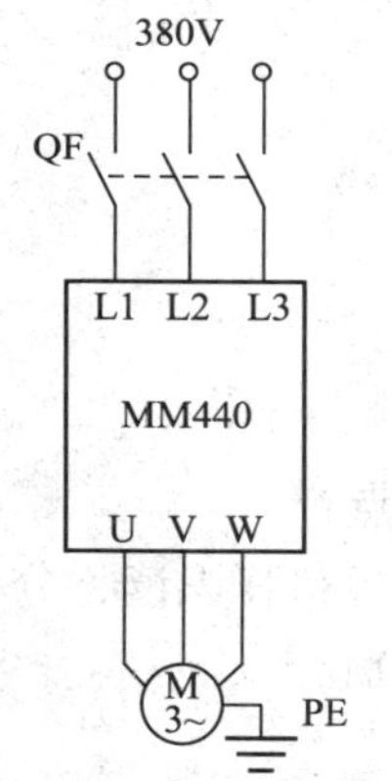

图 1—2—2　变频器控制线路

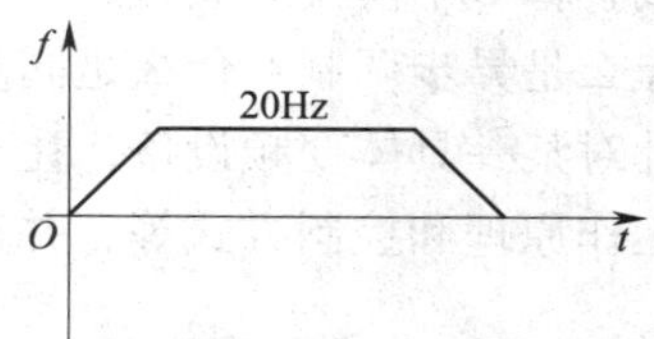

图 1—2—3　电动机运行曲线

相关知识

一、西门子变频器的操作面板

MM4 系列变频器出厂时都装有状态显示板（SDP），对于很多用户来说，需要利用基本操作板（BOP）或高级操作板（AOP）来修改参数使之匹配。下面介绍 BOP 操作面板。

1．BOP 操作面板及按键功能

如图 1—2—4 所示是 BOP 操作面板外形，用于显示参数的序号和数值、报警和故障信息以及该参数的设定值和实际值，但不能存储参数的信息。BOP 操作面板按键功能说明见表 1—2—1。

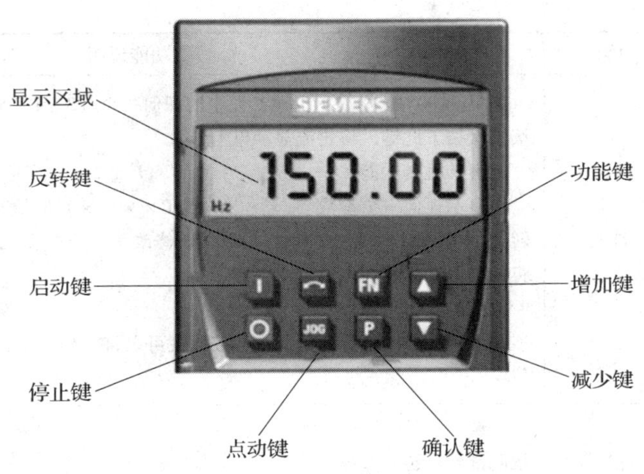

图 1—2—4 BOP 操作面板外形

表 1—2—1 **BOP 操作面板按键功能说明**

显示/按钮	功能	按键功能说明
P(1) r0000 Hz	状态显示	液晶显示变频器当前的设定值
I	启动键	按此键启动变频器。默认值运行时，此键是被封锁的。为了使此键的操作有效，应设定 P0700 = 1
O	停止键	第一种停止方式：按此键一次（较短），变频器将按选定的斜坡下降速率减速停车。默认值运行时，此键被封锁。为了允许此键操作，应设定 P0700 = 1 第二种停止方式：按此键两次或一次但时间较长，电动机将在惯性作用下自由停车
	反转键	按此键可以改变电动机的转动方向。电动机的反向用负号（-）表示或用闪烁的小数点表示。缺省值运行时此键是被封锁的，为了使此键的操作有效，应设定 P0700 = 1
jog	点动键	在变频器无输出的情况下按此键，将使电动机启动，并按预设定的点动频率运行。释放此键时，变频器停车。如果变频器/电动机正在运行，按此键将不起作用
Fn	功能键	此键用于浏览辅助信息 变频器运行过程中，在显示任何一个参数时按下此键并保持不动 2 s，将显示以下参数值： 1. 直流回路电压（用 d 表示 - 单位：V） 2. 输出电流 A 3. 输出频率 Hz 4. 输出电压（用 o 表示 - 单位：V） 5. 显示由 P0005 选定的数值

续表

显示/按钮	功能	按键功能说明
	功能键	如果 P0005 选择显示上述参数中的任何一个（3、4 、5），这里将不再显示，连续多次按下此键，将轮流显示以上参数 此键的跳转功能 在显示任何一个参数（r××××或P××××）时短时间按下此键，将立即跳转到 r0000，如果需要的话，可以接着修改其他的参数。跳转到 r0000 后，按此键将返回原来的显示点退出 此键的退出功能 在出现故障或报警的情况下，按此键可以将操作板上显示的故障或报警信息复位
P	访问参数	按此键即可访问参数
▲	增加数值	按此键即可增加面板上显示的参数数值
▼	减少数值	按此键即可减少面板上显示的参数数值

2. BOP 操作面板的使用

（1）更换 BOP 操作面板

MM4 系列变频器出厂时都装有状态显示板（SDP），如果要用 BOP 基本操作面板来操作变频器或修改各个参数时，首先将 SDP 状态显示板从变频器上拆卸下来，然后装上 BOP 基本操作面板。

（2）用 BOP 面板修改参数

提示

①MM440 系列变频器只能用操作面板 BOP、AOP 进行操作或者通过串行通信接口进行修改。在出厂缺省设置时用 BOP 控制电动机的功能是被禁止的；②如果要用 BOP 进行控制参数，应将参数 P0700 设置为 1；参数 P1000 也应设置为 1；③为了快速修改参数，首先按照修改参数的方法，确认进入某一参数数值的访问级。

1）BOP 面板修改参数下面通过将参数 P1000 的第 0 组参数设置为 P1000［0］ =1 的过程为例，来学习用 BOP 面板修改参数的方法。具体操作步骤见表 1—2—2。

表 1—2—2　　BOP 面板修改参数的步骤

操作步骤	操作内容	BOP 显示结果
1	按 P 键，访问参数	r0000

续表

操作步骤	操作内容	BOP 显示结果
2	按▲键，直到显示 P1000	P1000
3	按P键，直到显示 in000，即 P1000 的第 0 组值	in000
4	按P键，显示当前值 2	2
5	按▼键，达到所要求的值 1	1
6	按P键，存储当前设置	P1000
7	按Fn键，显示 r0000	r0000
8	按P键，显示频率	50.00

2）修改下标参数以 P0719 为例，来学习如何修改下标参数的数值，步骤见表 1—2—3。

表 1—2—3　修改下标参数的步骤

操作步骤	操作内容	BOP 显示结果
1	按P键，访问参数	r0000
2	按▲键，按直到显示出 P0719	P0719
3	按P键，直到显示 in000，进入参数数值访问级	in000
4	按P键，显示当前值 0	0
5	按▲或▼键选择运行所需要的数值	12
6	按P键，确认和存储这一数值	P0719

续表

操作步骤	操作内容	BOP显示结果
7	按▼键，直到显示出 r0000	r0000
8	按 P 键，返回标准变频器显示参数（由用户定义，此例定义为显示频率）	50.00

3）快速修改参数的数值　为了快速修改参数的数值，可以单独修改显示出的每个数字，其操作步骤如下：

①按功能键 Fn 最右边的一个数字闪烁。

②按▲/▼修改这位数字的数值。

③再按功能键 Fn 相邻的下一位数字闪烁。

④执行 2 至 4 步直到显示出所要求的数值。

⑤按 P 退出参数数值的访问级。

（3）故障复位操作

当变频器运行中发生故障或者报警时，变频器会出现提示，并会按照设定的方式进行默认的处理（一般是停车）。此时，需要用户查找并排除故障后，在面板上确认故障的操作。

例如，通过对 F0003 （电压过低）的故障复位过程来学习具体的操作方法。

当变频器欠压的时候，面板将显示故障代码 F0003 。按 Fn 键，如果故障点已经排除，变频器将复位到运行准备状态，显示设定频率 50.00 闪烁。如果故障点仍然存在，则故障 F0003 代码重现。

二、MM440 变频器的快速调试

通常，一台新的 MM440 变频器需要经过如下三个步骤进行调试（本节主要介绍前两步骤）：

参数复位 ⇨ 快速调试 ⇨ 功能调试

1. 参数复位

参数复位是将变频器的参数恢复到出厂时的参数默认值。在变频器初次调试或者参数设置混乱时，需要执行该操作，以便于将变频器的参数值恢复到一个确定的默认状态，其复位流程如图 1—2—5 所示。

在参数复位完成后，需要进行快速调试。应根据电动机和负载具体特性，以及变频器的控制方式等信息进行必要的设置之后，变频器就可以驱动电动机工作。

2. 快速调试

快速调试就是指通过设置电动机参数和变频器的命令源及频率给定源，从而达到简单快速运转电动机的一种操作模式。MM440 变频器出厂时，已按相同额定功率的西门子四极标准电动机的基本参数进行设置。如果用户采用的是其他型号的电动机就必须输入电动机铭牌上的规格数据，即进行变频器的快速调试。在设置电动机频率时，应该使用 DIP 开关设置。其设置情况如图 1—2—6 所示。

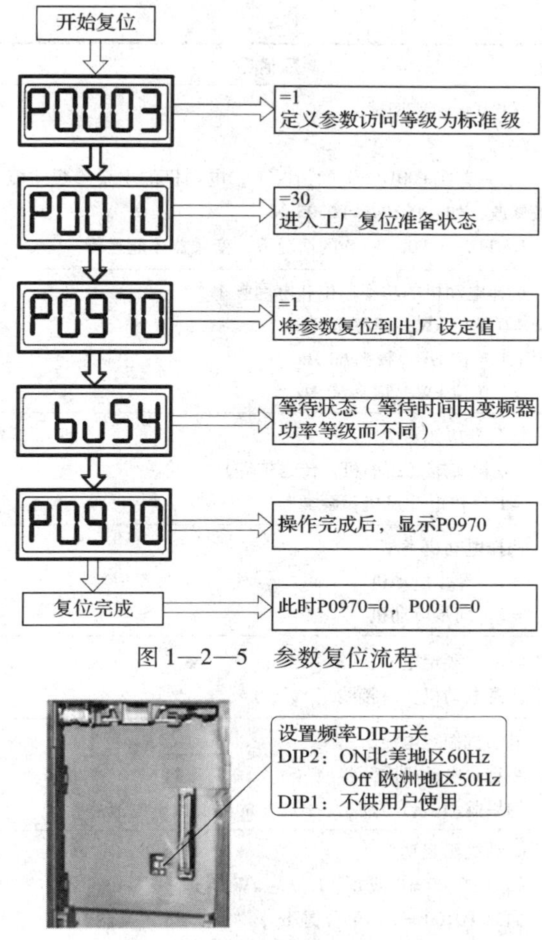

图 1—2—5 参数复位流程

图 1—2—6 DIP 开关的设置

提示

采用 BOP 或 AOP 进行快速调试中，必须掌握两个重要参数：P0010——参数过滤功能（P0010 = 1 表示启动快速调试）；P0003——选择用户访问级别的功能。变频器的参数有三个用户访问级，即标准访问级（基本的应用）、扩展访问级（标准应用）和专家访问级（复杂的应用）。访问的等级由参数 P0003 来选择。对于大多数应用对象，只要访问标准级（P0003 = 1）和扩展级（P0003 = 2）参数即可。

MM440 变频器快速调试的步骤见表 1—2—4。

表 1—2—4　　MM440 变频器快速调试的步骤

操作序号	参数号	参数描述	推荐设置
1	P0003	设置参数访问等级 =1 标准级（只需要设置最基本的参数） =2 扩展级 =3 专家级	1 根据实际需要设定

续表

操作序号	参数号	参数描述	推荐设置
2	P0010	=1 开始快速调试 注意： 1. 只有在 P0010 =1 的情况下，电动机的主要参数才能被修改，如：P0304，P0305 等 2. 只有在 P0010 =0 的情况下，变频器才能运行	1
3	P0100	选择电动机的功率单位和电网频率 =0 单位 kW，频率 50 Hz =1 单位 HP，频率 60 Hz =2 单位 kW，频率 60 Hz	0
4	P0205	变频器应用对象 =0 恒转矩（压缩机，传送带等） =1 变转矩（风机，泵类等）	0
5	P0300［0］	选择电动机类型 =1　异步电动机 =2　同步电动机	1
6	P0304［0］	电动机额定电压： 注意电动机实际接线（Y/△）	根据电动机铭牌
7	P0305［0］	电动机额定电流： 注意：电动机实际接线（Y/△） 如果驱动多台电动机，P0305 的值要大于电流总和	根据电动机铭牌
8	P0307［0］	电动机额定功率 如果 P0100 =0 或 2，单位是 kW 如果 P0100 =1，单位是 hp，注：1 hp（英制马力）=0.746 kW	根据电动机铭牌
9	P0308［0］	电动机功率因数	根据电动机铭牌
10	P0309［0］	电动机的额定效率 注意：如果 P0309 设置为 0，则变频器自动计算电动机效率；如果 P0100 设置为 0，看不到此参数	根据电动机铭牌
11	P0310［0］	电动机额定频率通常为 50/60 Hz 非标准电动机，可以根据电动机铭牌修改	根据电机铭牌
12	P0311［0］	电动机的额定速度 矢量控制方式下，必须准确设置此参数	根据电动机铭牌
13	P0320［0］	电动机的磁化电流通常取默认值	0
14	P0335［0］	电动机冷却方式 =0　利用电动机轴上风扇自冷却 =1　利用独立的风扇进行强制冷却	0
15	P0640［0］	电动机过载因子 以电动机额定电流的百分比来限制电动机的过载电流	150

续表

操作序号	参数号	参数描述	推荐设置
16	P0700［0］	选择命令给定源（启动/停止） =1　BOP（操作面板） =2　I/O 端子控制 =4　经过 BOP 链路（RS232）的 USS 控制 =5　通过 COM 链路（端子 29，30） =6　PROFIBUS（CB 通信板） 注意：改变 P0700 设置，将复位所有的数字输入输出至出厂设定	1
17	P1000［0］	设置频率给定源 =1　BOP 电动电位计给定（面板） =2　模拟输入 1 通道（端子 3，4） =3　固定频率 =4　BOP 链路的 USS 控制 =5　COM 链路的 USS（端子 29，30） =6　PROFIBUS（CB 通信板） =7　模拟输入 2 通道（端子 10，11）	1
18	P1080［0］	限制电动机运行的最小频率	0
19	P1082［0］	限制电动机运行的最大频率	50
20	P1120［0］	电动机从静止状态加速到最大频率所需时间	10
21	P1121［0］	电动机从最大频率降速到静止状态所需时间	10
22	P1300［0］	控制方式选择 =0　线性 V/F，要求电动机的压频比准确 =2　平方曲线的 V/F 控制 =20　无传感器矢量控制 =21　带传感器的矢量控制	0
23	P3900	结束快速调试 =1　电动机数据计算，并将除快速调试以外的参数恢复到工厂设定 =2　电动机数据计算，并将 I/O 设定恢复到工厂设定 =3　电动机数据计算，其他参数不进行工厂复位	3

在完成上述快速调试后，变频器就可以正常的驱动电动机。其他功能要求，可以根据需要设置控制方式和各种工艺参数。

三、变频器基本参数

变频器控制电动机运行，其各种性能和运行方式均是通过变频器的参数设定来实现的，不同的变频器其参数的多少是不一样的，一般都有数十甚至上百个参数供用户选择。不同的参数都定义着不同的功能。总体来说，变频器参数分为基本参数、运行参数、定义控制端子功能参数、附加功能参数、运行模式参数等。在实际应用中，没必要对每一参数都进行设置和调试，多数只要采用出厂设定值即可，但有些参数由于和实际使用情况有很大关系，且有的还相互关联，因此，需要根据实际情况进行设定和调试。下面主要介绍变频器的基本参数。

基本参数是指变频器运行所必须具有的参数，主要包括频率给定方式、运行控制方式、基本频率与最高频率、上限频率与下限频率、加速时间与减速时间、转矩提升和电子热过载保护等。

1. 频率给定方式

在使用一台变频器时，必须先向变频器提供一个改变频率的信号，从而改变变频器的输出频率而改变电动机的转速。这个信号就称为频率给定信号。所谓频率给定方式，就是提供给定信号的方式，也就是调节变频器输出频率的具体方法。

（1）变频器频率给定方式

变频器常见的频率给定方式主要有操作面板给定、外接信号给定、模拟信号给定和通信方式给定等。这些频率给定方式各有优缺点，必须按照实际的需要进行参数设置，同时，也可以根据功能需要选择不同频率给定方式之间的叠加和切换。

1）操作面板给定　通过面板上的键盘或电位器进行频率给定（即调节频率）的方式，称为面板给定方式。

①键盘给定　通过键盘上的升键（▲键）和降键（▼键）来进行给定。键盘给定属于数字量给定，精度较高。

②电位器给定　部分变频器在面板上设置了电位器，频率大小也可以通过电位器来调节。电位器给定属于模拟量给定，精度稍低。

提示

多数变频器在面板上并无电位器，所说的“面板给定”，实际就是键盘给定。变频器的面板通常可以取下，通过延长线安置在用户操作方便的地方，如图 1—2—7 所示。此外，采用哪一种给定方式，必须事先通过功能预置来决定。

2）外接给定　通过外接输入端口输入频率给定信号，来调节变频器输出频率的大小，称为外接给定或远程控制给定。外接给定方式有如下两种：

①外接输入数字量端口给定　通过外接变频器数字量端口的通断来控制变频器的频率给定。通常有两种方式：一是频率升、降给定或UP/DOWN给定；二是多段速给定。

②外接输入模拟量端口给定　通过模拟量端口从变频器外部输入模拟量信号（电压或电流）进行给定，并通过调节给定信号的大小来调节变频器的输出频率。

3）通信接口给定　由 PLC 或计算机通过通信接口进行频率给定。大部分变频器所提供的都是 RS 485 接口。如果上位机的通信接口是 RS 232，需要接一个 RS 485与 RS 232 转换器。

例如，西门子 MM440 变频器频率给定源由参数 P1000 来设置，见表 1—2—5。

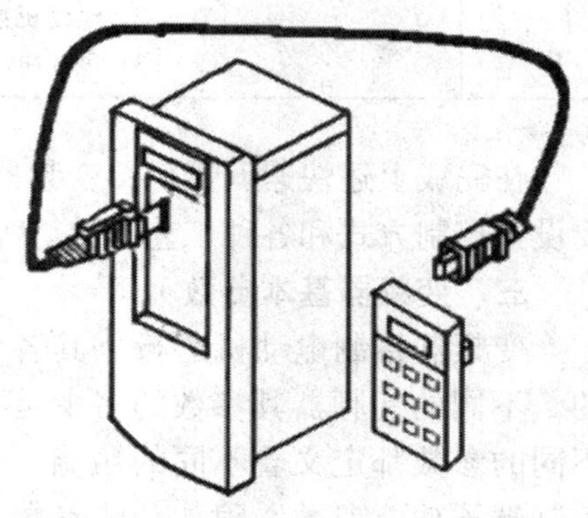

图 1—2—7　面板远距离给定

表 1—2—5　　MM440 变频器频率给定源参数

参数号	参数描述	推荐设置
P1000［0］	设置频率给定源 =1　BOP 电动电位计给定（面板） =2　模拟输入 1 通道（端子 3，4） =3　固定频率 =4　BOP 链路的 USS 控制 =5　COM 链路的 USS（端子 29，30） =6　PROFIBUS（CB 通信板） =7　模拟输入 2 通道（端子 10，11）	1

（2）选择频率给定方式的一般原则

1）面板给定和外接给定　优先选择面板给定。因为变频器的操作面板包括键盘和显示屏，而显示屏的显示功能十分齐全，可显示运行过程中的各种参数以及故障代码等。但由于受到连接线长度的限制，控制面板与变频器之间的距离不能过长。

2）数字量给定与模拟量给定　优先选择数字量给定。因为数字量给定时频率精度较高，且数字量给定通常用触点操作，不易损坏，而且抗干扰能力强。

3）电压信号与电流信号　优先选择电流信号。因为电流信号在传输过程中不受线路电压降、接触电阻及其压降、杂散的热电效应以及感应噪声等的影响，抗干扰能力较强。但由于电流信号电路比较复杂，故在距离不远的情况下，仍以选用电压给定方式居多。

2. 基本频率

与变频器的最大输出电压对应的频率称为基本频率，用f_b表示。在大多数情况下，基本频率等于电动机的额定频率，如图 1—2—8 所示。

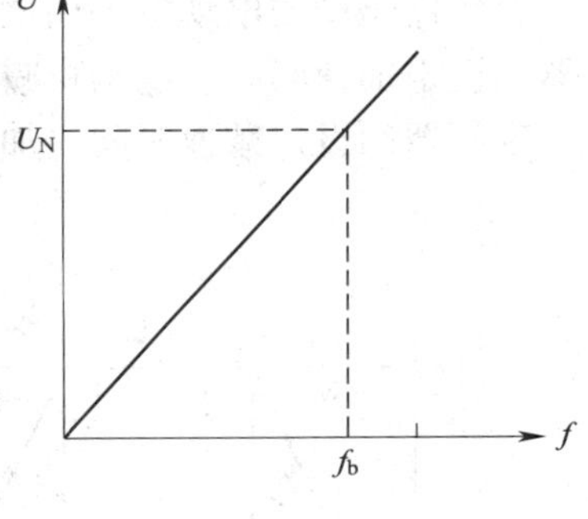

图 1—2—8　基本频率

例如，西门子 MM440 变频器基本频率由参数号 P2000 设置，见表 1—2—6。

表 1—2—6　　西门子 MM440 变频器基本频率参数

参数号	参数描述	推荐设置
P2000	变频器基本运行频率。如果要求最大频率高于 50 Hz，需要改变这一设置值	50 Hz

3. 最小（下限）频率与最大（上限）频率

电动机在一定的场合应用时，其转速应该在一定的范围，超出此范围会造成事故或损失，为了避免由于错误操作造成电动机的转速超出应用范围，变频器具有设置最大频率f_H和最小频率f_L的功能。最大频率和最小频率如图 1—2—9 所示。

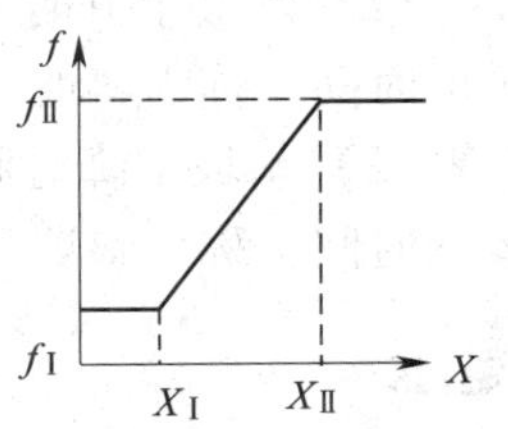

图 1—2—9　最大频率与最小频率

（1）最大频率　与生产机械所要求的最高转速相对应的频率称为最大（上限）频率，用f_H表示，是根据生产机械的要求来设定变频器的最大运行频率。

（2）最小频率　与生产机械所要求的最低转速相对应的频率称为最小（下限）频率，用f_L表示。

提示

①当变频器的给定频率高于最大频率或小于最小频率时，变频器将被限制在最大频率或下限频率；②最小频率小于最大频率，且具有优先权。

例如，西门子 MM440 变频器最大频率与最小频率由参数 P1080 和 P1082 来设置，见表 1—2—7。

表 1—2—7　　西门子 MM440 变频器最大频率与最小频率参数

参数号	参数描述	推荐设置
P1080［0］	限制电动机运行的最小频率	0
P1082［0］	限制电动机运行的最大频率	50

4．加速时间与减速时间

变频器驱动的电动机采用低频启动，为了保证电动机正常启动而又不发生过流保护，变频器须设定加速时间。电动机减速时间与其拖动的负载有关，有些负载对减速时间有严格要求，变频器须设定减速时间。加速时间与减速时间如图 1—2—10 所示。

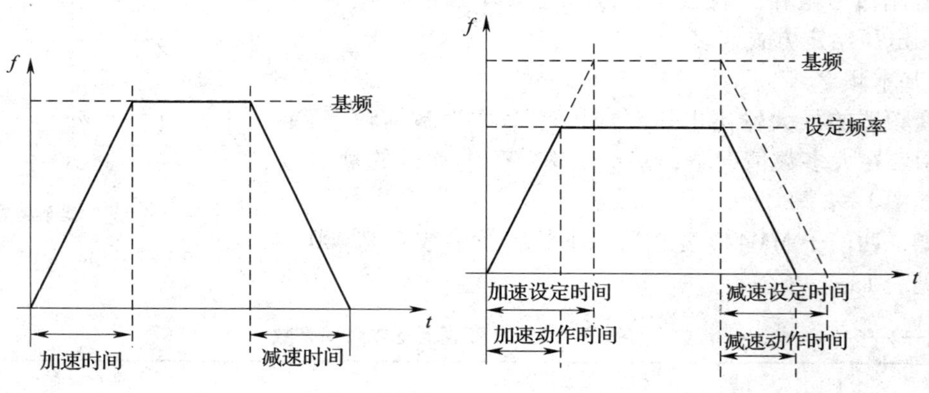

图 1—2—10　加速时间与减速时间

（1）斜坡上升时间（加速时间）变频器输出频率从 0 上升到最大频率f_H（P1082）所需要的时间，称为斜坡上升时间。

（2）斜坡下降时间（减速时间）变频器输出频率从最大频率f_H（P1082）下降至 0 所需要的时间，称为斜坡下降时间。

提示

①加速时间与减速时间的定义还有一种解释，即变频器输出频率从 0 上升到最高频率f_{max}所需要的时间称为加速时间；变频器输出频率从最高频率f_{max}下降至 0 所需要的时间称为

减速时间；②变频器的实际加减速时间与设定的加减速时间不一定相等，与变频器的工作频率有关；③加速时间设置过短，通常出现过流报警；减速时间主要根据拖动系统的惯性而设定。一般情况下，惯性越大，减速时间越长。如果减速时间太短，就有可能导致变频器过流或过压跳闸。

例如，西门子 MM440 系列变频器的加速时间与减速时间由参数 P1120 和 P1121 来设置，见表 1—2—8。

表 1—2—8　　MM440 系列变频器的加减速参数

参数号码	参数功能	
P1120	加速时间	f 最高频率 P1082 t 加速时间 P1120 减速时间 P1121
P1121	减速时间	

5．转矩提升

转矩提升又叫转矩补偿，是提升变频器低频时的输出电压，以补偿定子电阻上电压降引起的输出转矩损失，从而改善电动机的低频输出转矩，如图 1—2—11 所示。

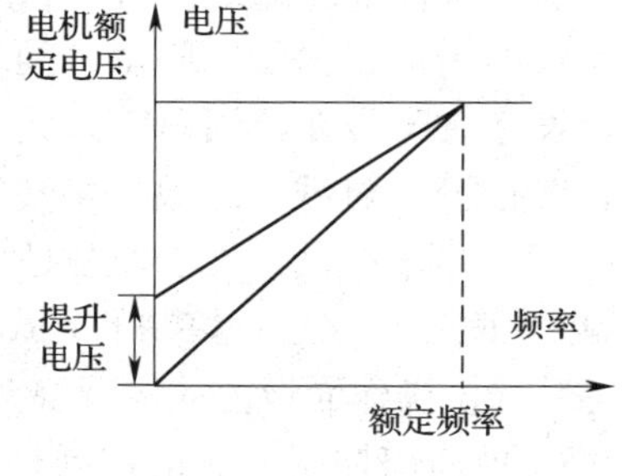

图 1—2—11　转矩提升

提示

转矩提升的方法有两种：①手动转矩提升，转矩提升电压完全由参数决定，其特点是提升电压固定，但轻载时电动机容易磁饱和；② 自动转矩提升，转矩提升电压随电动机定子电流的变化而改变，定子电流越大则提升电压也越大。③若转矩提升值过大，低速区域内会发生过激状态，电动机可能会发热。

例如，西门子 MM440 变频器的转矩提升（启动提升）由参数 P1312 来设置，见表 1—2—9。

表 1—2—9　　MM440 变频器转矩提升参数

参数号	参数描述	推荐设置
P1312	变频器启动时，提升启动电压	启动提升的电压提升值以 P0305 和 P0350 乘积的% 值表示

6．电动机过热保护

电动机过热保护是为保护电动机过热而设置的。它是变频器内 CPU 根据运转电流值和频率计算出电动机的温升，从而进行过热保护。

提示

①本功能只适用于“一拖一”场合，而在“一拖多”时，则应在各台电动机上加装热

继电器；②电子热保护设定值（%）=［电动机额定电流（A）/变频器额定输出电流（A）×100%］。

例如，西门子 MM440 变频器电动机过热保护由参数 P0640 来设置，见表 1—2—10。

表 1—2—10　　MM440 变频器电动机过热保护参数

参数号	参数描述	推荐设置
P0640［0］	电动机过载因子 以电动机额定电流的百分比来限制电动机的过载电流	150

7. 运转指令方式

变频器的运转指令方式是指如何控制变频器的基本运行功能，这些功能包括启动、停止、正转与反转、正向点动与反向点动及复位等。常用的变频器运转控制方式有面板操作控制、端子控制和通信控制三种。这些运转控制方式必须按照实际的需要进行选择设置，同时，也可以根据功能进行相互之间的方式切换。

（1）面板操作控制　面板操作控制是变频器最简单的运转指令方式，用户可以通过变频器的操作键盘上的运行键、停止键、点动键和复位键来直接控制变频器的运转。

面板操作控制的最大特点就是方便、实用，操作面板通常可以通过延长线放置在用户容易操作的 5 m 以内的空间里，同时，又能起到故障报警功能，即能够将变频器是否在运行、是否发生故障告知给用户，因此，用户无须配线就能真正了解到变频器是否确实在运行中、是否在报警（过载、超温、堵转等）以及通过 LED 数码和 LCD 液晶显示故障类型。

（2）端子控制　端子控制是变频器的运转指令通过其外接输入端子从外部输入开关信号（或电平信号）来进行控制的方式。主要由按钮、选择开关、继电器、PLC 或 DCS 的继电器模块等替代了操作面板上的运行键、停止键、点动键和复位键，可以远距离控制变频器的运转。

（3）通信控制　通信控制是通过变频器的通信接口对变频器进行正反转、点动、故障复位等控制。所有变频器都配有通信端子，但接线方式却因变频器的通信协议不同而存在差异。基本上，通信接口端子提供 RS－232 或 RS－485 接口，这是一种最基本的控制端子。常规的通信端子接线分为三种：①变频器RS－232接口与上位机 RS－232 通信（上位机主要有人机界面 HMI、PC 机、PLC 控制器或 DCS 控制系统等）；②变频器通过 RS－232 口后再接调制解调器 Modem 与上位机联机；③变频器 RS－485 接口与上位机 RS－485 通信。

例如，西门子 MM440 变频器的运转命令给定源由参数 P0700 设置，见表 1—2—11。

表 1—2—11　　MM440 变频器的运转命令给定源参数

参数号	参数描述	推荐设置
P0700［0］	选择命令给定源（启动/停止） =1　BOP（操作面板） =2　I/O 端子控制 =4　经过 BOP 链路（RS 232）的 USS 控制 =5　通过 COM 链路（端子 29，30） =6　PROFIBUS（CB 通信板） 注意：改变 P0700 设置，将复位所有的数字输入输出至出厂设定	1

8. 变频器停车方法

MM440 变频器停车有 OFF1、OFF2 和 OFF3 三种停车方法。

（1）OFF1 停车命令能使变频器按照选定的斜坡下降速率减速并停止转动，而斜坡下降时间参数可通过改变参数 P1121 来修改。

（2）OFF2 停车命令能使电动机依惯性滑行最后停车，脉冲被封锁。

（3）OFF3 停车命令能使电动机快速地减速停车。在设置了 OFF3 的情况下，为了启动电动机，二进制输入端必须闭合（高电平）。只有当 OFF3 为高电平时，电动机才能启动，并用 OFF1 或 OFF2 方式停车；如果 OFF3 为低电平，电动机无法启动。OFF3 停车斜坡下降时间用参数 P1135 来设置。

任务实施

一、任务准备

实施本任务所需的实训设备及工具材料可参考表 1—2—12。

表 1—2—12　　实训设备及工具材料

序号	分类	名称	型号规格	数量	备注
1	工具	电工工具		1 套	
2	器材	万用表	MF47 型或自定	1 块	
3		变频器	MM440 1.5 kW	1 台	
4		配电盘	500 mm×600 mm	1 块	
5		导轨	C45	0.3 m	
6		自动断路器	DZ47-63/3 P D20	1 只	
7		三相异步电动机	型号自定	1 台	
8		端子排	D-10	1 根（10 节）	
9		铜塑线	BVR/2.5 mm^2	5 m	主电路
10		紧固件	螺钉（型号自定）	若干	
11		线槽	25 mm×35 mm	若干	
12		号码管		若干	
13	参考资料	变频器说明书	MM440 系列变频器说明书	1	

二、变频器的基本操作训练

1. 变频器的操作面板练习

仔细阅读变频器面板介绍，练习利用变频器操作面板修改下列参数。

设置：P0010=30；P0970=1；P700=1；P1000=1；P1120=2.00；P1121=2.00；P2000=50.00

2. 利用变频器操作面板（BOP）控制电动机的启动与停止

利用 BOP 操作面板可以直接对变频器进行操作，实现电动机的启停。具体操作步骤如下：

（1）电源端子和电动机端子的接线

按如图 1—2—12 所示的电路图，将 MM440 变频器与电源和电动机进行正确的接线，即将 380 V 三相交流电源连接至 MM440 的输入端“L1、L2、L3”；将变频器的输出端“U、V、W”连接至三相笼型异步电动机，同时，还要进行相应的接地保护连接。

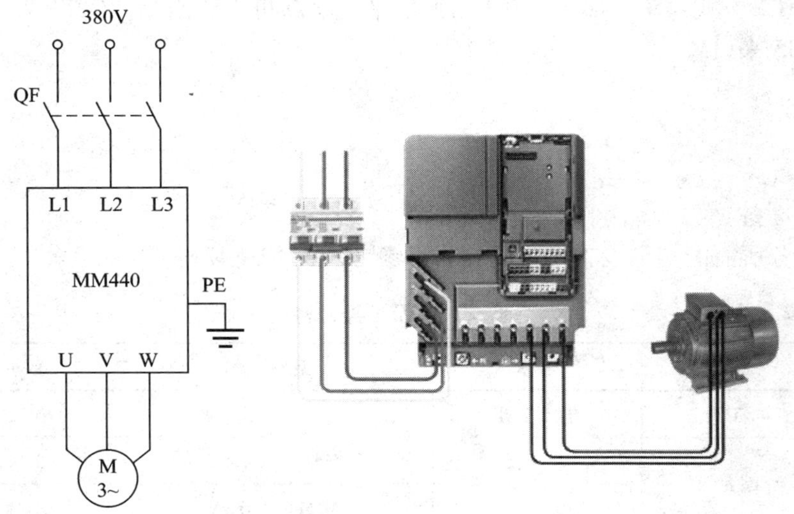

图 1—2—12　变频器原理与接线图

操作提示

①禁止将变频器的电源输出端接到交流电源上，否则会损坏变频器；②在变频器电源开关断开以后，必须等待 5 min，使变频器电容放电完毕，才允许开始安装作业，以免触电。

（2）线路检查

1）检查电气元件的安装与接线是否牢固。

2）用万用表测试，检查接线是否正确。

（3）变频器参数设置与运行

1）线路检查正确后，合上 QF 断路器，给变频器送电，并恢复变频器出厂值。

操作提示

操作前先把变频器的所有参数复位为出厂时的缺省设置值，具体应设参数 P0010 = 30 和 P0970 = 1。复位过程约需 10 s 才能完成。复位完毕，设 P0010 = 0，变频器当前处于准备状态，可正常运行。

2）根据表 1—2—13 给定的电动机铭牌参数，按照前面所学进行变频器快速调试。

表 1—2—13　　电动机铭牌参数

三相异步电动机					
型号	Y90L－4	电压	380V	接法	Y
容量	1.5 kW	电流	3.7 A	工作方式	连续
转速	1 400 r/min	功率因数	0.79	温升	90℃
频率	50Hz	绝缘等级	B	出厂年月	×年×月
×××电机厂	产品编号		重量	kg	

（4）变频器启动与停止的调试，具体调试步骤见表 1—2—14。

表 1—2—14　　BOP 操作面板控制电动机启停步骤

操作步骤	设置参数	功能解释
1	P0700＝1	＝1　启停命令源于面板
2	P1000＝1	＝1　频率设定源于面板
3	5.00	返回监视状态
4		按下绿色按键启动变频器
5	（▲/▼）	在电动机转动时按下增减修改运行频率
6		按下红色按键电动机停止

（5）练习完毕，切断电源开关，待变频器指示灯熄灭后再拆线，以防触电，整理工具，清理现场。

3．操作面板（BOP）实现电动机的启动、点动及正反转控制

本任务的接线和线路检查，可参考基本操作训练中的任务 2。

（1）线路检查正确后，合上 QF 断路器，给变频器送电，并恢复变频器出厂值。

操作提示

接通断路器 QF，在变频器通电的情况下，恢复变频器工厂默认值。设定 P0010＝30 和 P0970＝1，按下 P 键，开始复位，复位过程大约 10 s，这样就可保证变频器的参数恢复到工厂默认值。

（2）设置电动机参数　为了使电动机与变频器相匹配，需要设置电动机参数，电动机参数设定完成后，设 P0010＝0，变频器当前处于准备状态，可正常运行。电动机参数设置见表 1—2—15。

表 1—2—15　　电动机参数设置

参数号	出厂值	设置值	说明
P0003	1	1	设用户访问级为标准级
P0010	0	1	快速调试
P0100	0	0	功率以 kW 表示，频率为 50 Hz

续表

参数号	出厂值	设置值	说明
P0304	230	380	电动机额定电压（V）
P0305	3.25	1.05	电动机额定电流（A）
P0307	0.75	0.37	电动机额定功率（kW）
P0310	50	50	电动机额定频率（Hz）
P0311	0	1 400	电动机额定转速（r/min）

（3）电动机点动运行的 BOP 面板操作基本控制参数的设置见表 1—2—16。

变频器的点动运行又称为寸动运行，是通过 BOP 上的“jog”按键或外部端子来控制电动机按照预先设定的点动频率进行点动运行。

表 1—2—16　电动机点动运行的 BOP 面板操作基本控制参数

参数号	出厂值	设置值	说明
P0003	1	2	设用户访问级为扩展级
P0010	0	0	正确地进行运行命令的初始化
P0700	2	1	由键盘输入设定值（选择命令源）
P1000	2	1	由键盘（电动电位计）输入设定值
P1080	0	0	电动机运行的最低频率（Hz）
P1082	50	50	电动机运行的最高频率（Hz）
P1058	5	10	正向点动频率（Hz）
P1059	5	10	反向点动频率（Hz）
P1060	10	5	点动斜坡上升时间（s）
P1061	10	5	点动斜坡下降时间（s）

（4）点动运行调试　参数设定完后，按下变频器前操作面板上的点动键 jog，则变频器驱动电动机升速，并运行在由 P1058 所设置的正向点动 10 Hz 频率值上。当松开变频器面板上的点动键 jog，则变频器将驱动电动机降速至零。如果按下操作面板上的换向键，再重复上述的点动运行操作，电动机可在变频器的驱动下反向点动运行。

（5）电动机正反转运行 BOP 面板基本控制参数的设置，见表 1—2—17。

表 1—2—17　电动机正反转运行 BOP 面板基本控制参数

参数号	出厂值	设置值	说明
P0003	1	1	设用户访问级为扩展级
P0010	0	0	正确地进行运行命令的初始化
P0700	2	1	由键盘输入设定值（选择命令源）
P1000	2	1	由键盘（电动电位计）输入设定值
P1080	0	0	电动机运行的最低频率（Hz）
P1082	50	50	电动机运行的最高频率（Hz）

续表

参数号	出厂值	设置值	说明
P0003	1	2	设用户访问级为扩展级
P1040	5	20	设定键盘控制的频率值（Hz）

（6）正反转运行调试

1）变频器启动　在变频器的前操作面板上按运行键，变频器将驱动电动机升速，并运行在由 P1040 所设定的 20 Hz 频率对应的 560 r/min 的转速上。

2）正反转及加减速运行　电动机的转速（运行频率）及旋转方向可直接通过按前操作面板上的增加键 / 减少键（▲/▼）以及反转键来改变。

3）电动机停止　在变频器的操作面板上按停止键，则变频器将驱动电动机降速至零。

（7）训练完毕，切断电源，清理现场

任务测评

对任务实施的完成情况进行检查，并将结果填入任务测评表内，见表 1—2—18。

表 1—2—18　　任务测评表

序号	考核内容	考核要求	评分标准	配分	得分
1	接线	能正确使用工具及仪表，按照电路图准确地接线	（1）元件安装不符合要求，每处扣 2 分 （2）接线有违反电工手册相关规定的，每处扣 2 分	30 分	
2	面板操作	能正确操作面板	（1）不能正确理解操作面板，每处扣 2 分 （2）面板操作不正确，扣 10 分	10 分	
3	参数设定	能根据任务要求，正确设置变频器参数	（1）参数设置错误，每处扣 5 分 （2）漏设参数，每处扣 5 分	20 分	
4	运行频率设定	能根据任务要求，正确设定运行频率	运行频率 20 Hz 设定错误，每次扣 5 分	20 分	
5	运行操作调试	能正确进行参数设置，现场调试变频器的运行	（1）不能修改参数，每处扣 5 分 （2）系统功能不正确，每处扣 10 分	20 分	
6	安全文明生产	参照相关的法规，确保人身和设备安全	违反安全文明生产规程，扣 5 ~ 10 分		
备注			合计		
			教师签字：		

思考与练习

1. 试述操作面板 BOP 各按键的名称和功能，并进行相应的实际操作。
2. 试述 MM4 系列变频器快速调试的步骤。

3. 怎样利用变频器操作面板对电动机进行启动和停止？

4. 怎样设置变频器的最大和最小运行频率？

5. 工作台在快退运行中为了减缓启动停止时的冲击，需要适当地延长加减速时间。工作台运行曲线如图1—2—13所示。图1—2—13中刚开始慢速运行频率为8 Hz，一段时间后加速至45 Hz，快到目标位置时减速至10 Hz频率运行，接近运行目标时慢速停下。试用BOP方式运行此曲线。

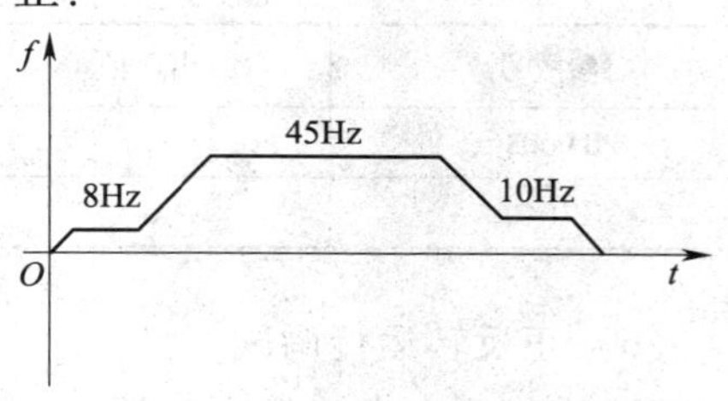

图1—2—13 工作台运行曲线

任务3 变频器的外部运行操作

学习目标

1. 理解变频器标准接线。
2. 能够对MM4系列变频器进行正确接线。
3. 熟悉变频器各端子的功能并能正确使用。
4. 理解多段速端子相关参数的功能及设置。
5. 能独立安装、调试变频器。
6. 掌握变频器的外部运行操作。

任务引入

在实际生产中，采用BOP面板对变频器的控制只能是本地控制，而一些需要远程控制的场合就需要用按钮、开关等器件接在变频器外部端子上来完成控制。例如，某机械设备中用变频器控制三相笼型异步电动机运行的曲线如图1—3—1所示，当用外部接线的方式控制电动机的正反转运行时，该如何对变频器进行外部运行操作？

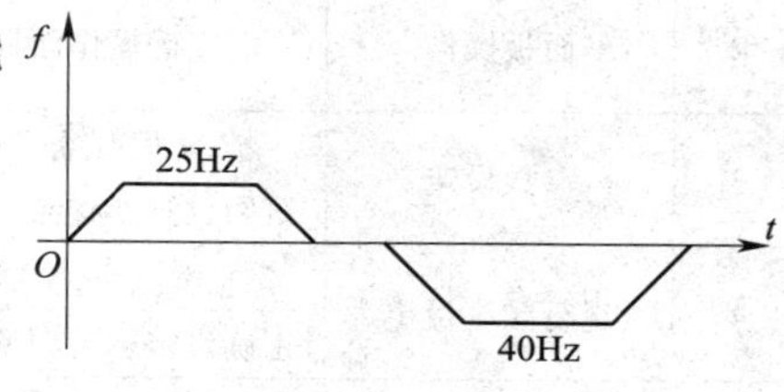

图1—3—1 电动机运行曲线

相关知识

一、变频器的标准接线与端子功能

不同系列的变频器都有其标准的接线端子，接线时要根据变频器使用说明书进行连接。变频器的接线主要有两部分：一部分是主电路，用于电源及电动机的连接；另一部分是控制线路，用于控制电路及监测电路的连接。现以西门子MM440变频器为例，来学习该变频器主电路及控制线路各端子的标准接线和功能。

1. MM440变频器标准接线原理图

如图1—3—2所示是MM440变频器标准接线原理图。

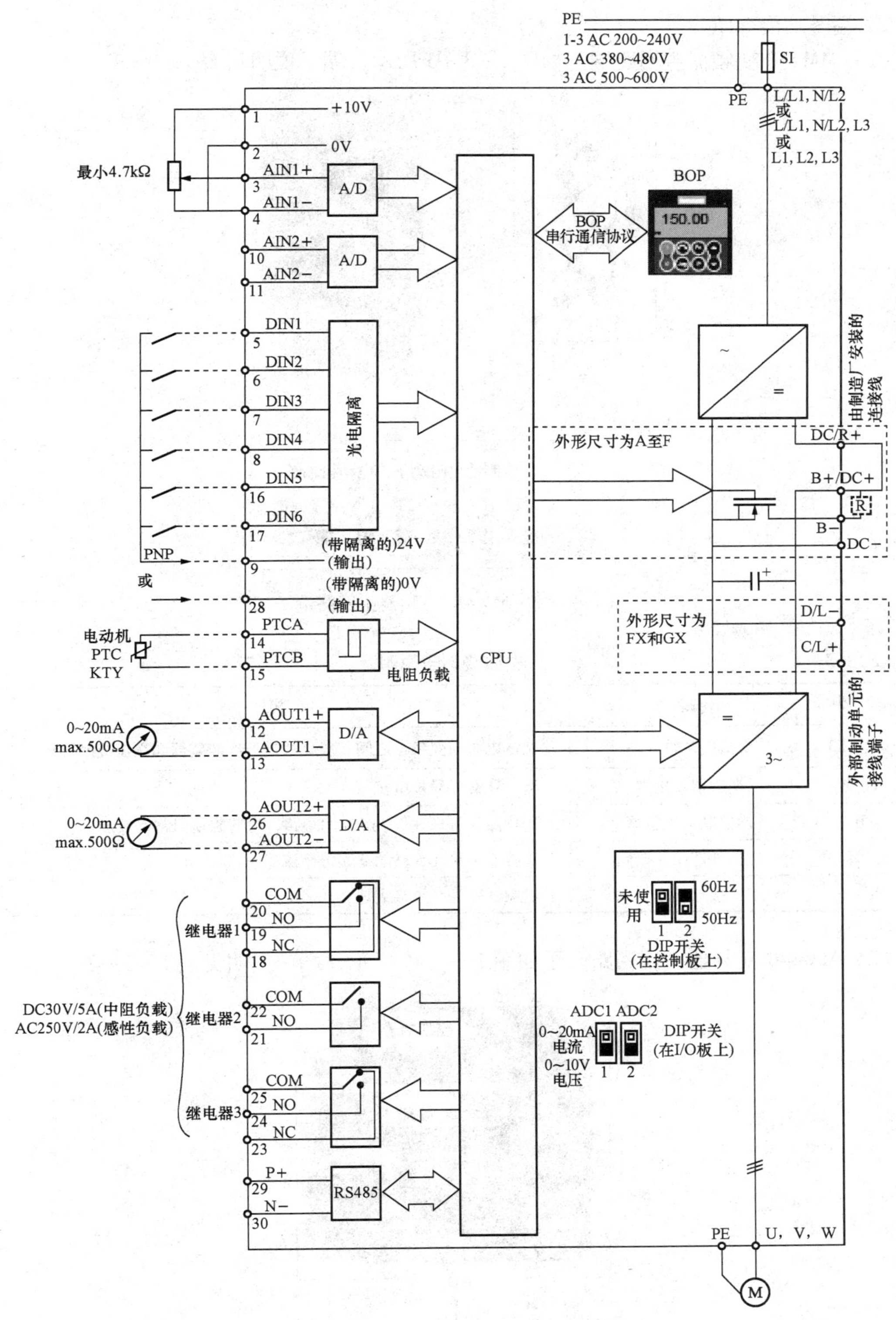

图 1—3—2 西门子 MM440 标准接线原理图

2．端子功能介绍

（1）MM440 变频器主回路端子如图 1—3—3 所示，端子说明见表 1—3—1。

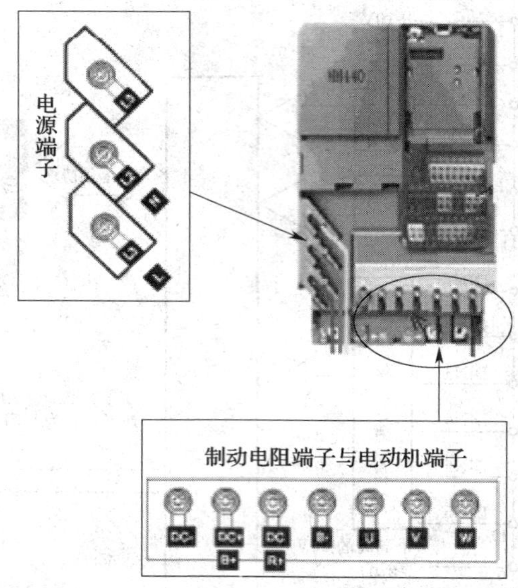

图 1—3—3　MM440 变频器主回路端子

表 1—3—1　主回路端子说明

引脚符号	引脚名称	说明
L1、L2、L3	交流电源输入端	交流电源与变频器之间一般是通过低压断路器和交流接触器相连接
U、V、W	变频器输出端	接三相交流异步电机
B＋、B－	连接制动电阻器	用短路片将“＋”与 PR 间短路，内部制动回路有效
DC＋、DC－	连接外部制动单元	连接制动单元或高功率因数整流器
PE	接地端子	变频器外壳必须接大地

（2）MM440 变频器控制回路端子如图 1—3—4 所示，端子说明见表 1—3—2。

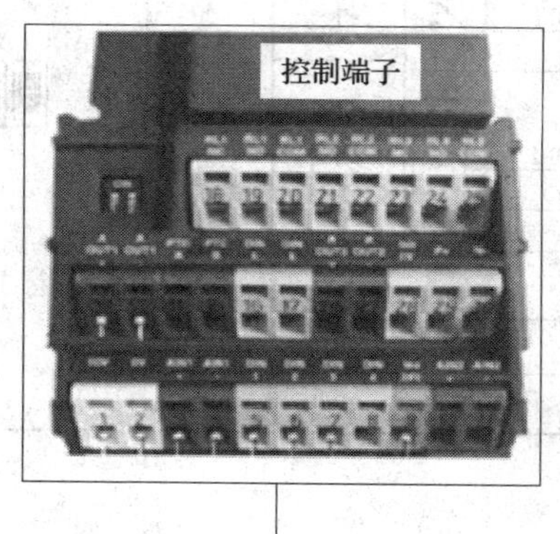

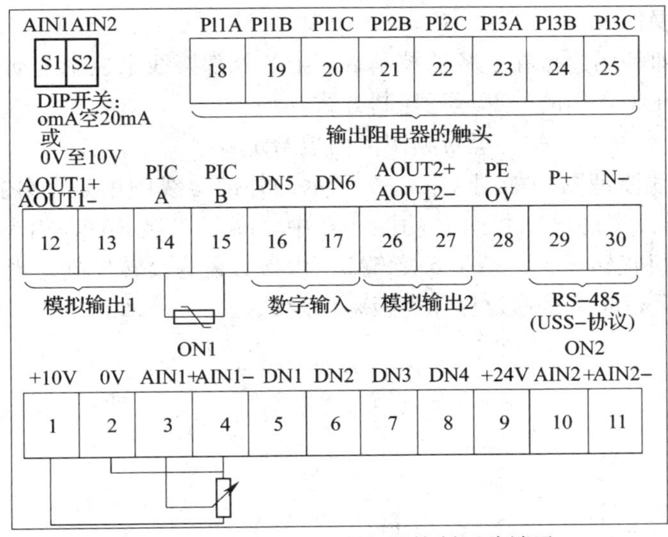

图 1—3—4　MM440 变频器控制回路端子

表 1—3—2　　**控制回路端子说明**

类型		引脚	引脚名称
开关量输入端子	多功能设定	5	DIN1
		6	DIN2
		7	DIN3
		8	DIN4
		16	DIN5
		17	DIN6
		9	直流 24 V
		28	0 V 数字地
模拟量端子	频率设定	1	频率设定用 10 V 电源
		2	0 V 模拟地
		3	频率设定端（电压）
		4	频率设定公共端
		10	模拟电流输入端
		11	
输出信号	模拟量输出端子	12、13	模拟量输出 1
		26、27	模拟量输出 2
	继电器接点	18、19、20	18 与 20 常闭接点 19 与 20 常开接点
		21、22	常开接点
		23、24、25	23 与 25 常闭接点 24 与 25 常开接点
	电动机温度保护端子	14 与 15	
	RS 485 通信	29 与 30	P＋ N－

二、外部运行操作

外部运行操作即利用连接在变频器控制端子上的外部接线来控制电动机启停与运行频率的方法。下面介绍几种常用的外部运行控制方式。

1．由外部端子启停电动机，运行频率由面板给定

（1）变频器接线原理图　如图 1—3—5 所示的外部接线图中是用外接开关 SA1 和 SA2 控制 MM440 变频器，实现电动机运转功能。其中，端子 5 接 SA1，由参数设为正转控制，当 SA1 接通时电动机正转运行；端子 6 接 SA2，由参数设为反转控制，当 SA2 接通时电动机反转运行。电动机运行频率是通过操作面板来设定的。

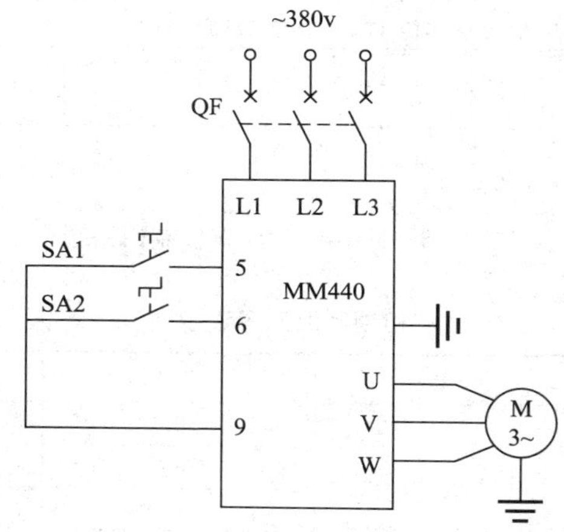

图 1—3—5　MM440 变频器外部接线

（2）开关量输入端子功能设置　MM440 包含了六个多功能数字开关量的输入端子，每个端子都有一个对应的参数来设定该端子的功能。用户可根据需要对每一个输入端口的功能进行参数设置，见表 1—3—3。

表 1—3—3　　MM440 数字输入端口功能设置

数字输入	端子编号	参数编号	出厂设置	功能说明
DIN1	5	P0701	1	=1　接通正转/断开停车 =2　接通反转/断开停车 =3　断开按惯性自由停车 =4　断开按第二降速时间快速停车 =9　故障复位 =10　正向点动 =11　反向点动 =12　反转（与正转命令配合使用） =13　电动电位计升速 =14　电动电位计降速 =15　固定频率直接选择
DIN2	6	P0702	12	
DIN3	7	P0703	9	
DIN4	8	P0704	15	
DIN5	16	P0705	15	
DIN6	17	P0706	15	
	9	公共端	1	

说明：

1．开关量的输入逻辑可以通过 P0725 改变

2．开关量输入状态由参数 r0722 监控，开关闭合时相应笔画点亮

续表

数字输入	端子编号	参数编号	出厂设置	功能说明
b-nnn DIN6#17端子 DIN5#16端子 DIN4#8端子 DIN3#7端子 DIN2#6端子 DIN1#5端子 6＃端子断开 5＃端子闭合				=16　固定频率选择＋ON 命令 =17　固定频率编码选择＋ON 命令 =25　使能直流制动 =29　外部故障信号触发跳闸 =33　禁止附加频率设定值 =99　使能 BICO 参数化

2. 由外部端子启停电动机，运行频率由外接模拟信号给定

（1）外接模拟信号给定时的原理图　如图 1—3—6 所示为外接模拟信号给定时的原理图。MM440 变频器为用户提供了两对模拟输入端子，即端子 3、4 和端子 10、11。MM440 变频器的输出端子 1 和 2 为用户提供了一个高精度的＋10 V 直流稳压电源。当外接转速调节电位器 RP1 时，电位器一端接变频器端子 1，另一端子接变频器端子 4，电位器中心端子接在变频器端子 3 上。当调节 RP1 时，输入模拟端子 3 给定的模拟输入电压改变，变频器的频率输出量紧紧跟踪给定量的变化，从而平滑无级地调节电动机转速的大小。

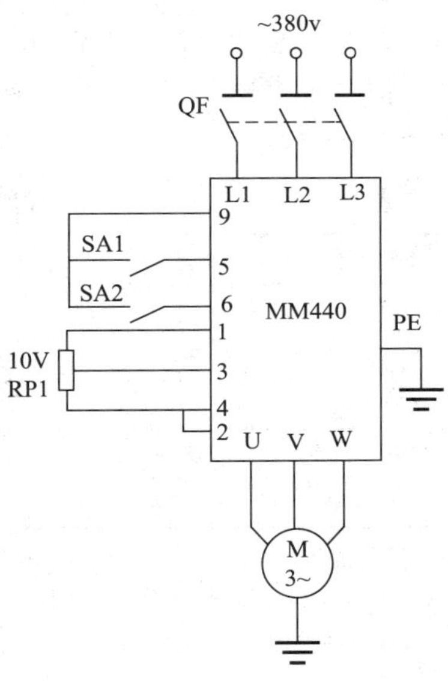

图 1—3—6　外接模拟信号给定时的原理

（2）模拟量输入端子功能设置　变频器的模拟信号通常有电压信号和电流信号两种。电压给定信号的范围有 0～10 V、2～10 V、0～±10 V、0～5 V、1～5 V、0～±5 V 等；电流给定信号的范围有 0～20 mA、4～20 mA 等。变频器在实际应用中，模拟量输入给定的电压、电流方式的选择是由频率设定功能参数决定或由模拟量输入通道决定。对于电流输入，必须将相应通道的拨码开关拨至 ON 的位置。如图 1—3—7 所示是西门子 MM440 变频器的拨码开关。

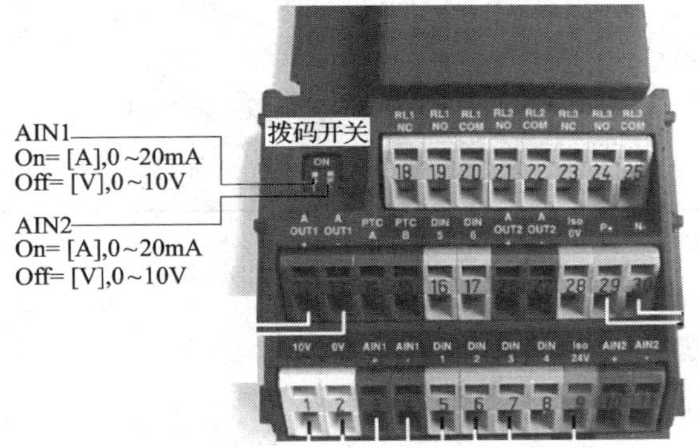

图 1—3—7　MM440 变频器拨码开关

MM440 变频器为用户提供了两对模拟输入端口，即端口 3、4 和端口 10、11。可以通过参数号 P0756 分别设置每个模拟量输入通道属性，见表 1—3—4。

表 1—3—4　模拟量输入通道数据类型功能设置

参数号	设定值	参数功能	说明
P0756	=0	单极性电压输入（0～+10 V）	“带监控”是指模拟通道具有监控功能，当断线或信号超限，报故障 F0080
	=1	带监控的单极性电压输入（0～+10 V）	
	=2	单极性电流输入（0～20 mA）	
	=3	带监控的单极性电流输入（0～20 mA）	
	=4	双极性电压输入（－10 ～+10 V）	

表 1—3—4 中模拟量的数值范围是标准值，除了上面这些设定范围外，MM440 变频器还可以支持常见的 2～10 V 和 4～20 mA 模拟量标定方式。

把电压信号 2～10 V 作为频率给定信号输入到模拟量通道 1 时，需要设置相关的参数，见表 1—3—5。

表 1—3—5　模拟量输入通道自定义 2～10 V 功能设置

参数号码	设定值	参数功能	说明
P0757［0］	2	电压 2 V 对应 0% 的标度，即 0 Hz	Hz 50Hz 0 2V 10V V
P0758［0］	0%		
P0759［0］	10	电压 10 V 对应 100% 的标度，即 50 Hz	
P0760［0］	100%		
P0761［0］	2	死区宽度	

把电流信号 4～20 mA 作为频率给定信号输入到模拟量通道 2 时，需要设置相关的参数，见表 1—3—6。

表 1—3—6　模拟量输入通道自定义 4～20 mA 功能设置

参数号码	设定值	参数功能	说明
P0757［0］	4	电流 4 mA 对应 0% 的标度，即 0 Hz	Hz 50Hz 0 4mA 20mA mA
P0758［0］	0%		
P0759［0］	20	电流 20 mA 对应 100% 的标度，即 50 Hz	
P0760［0］	100%		
P0761［0］	4	死区宽度	

任务实施

一、任务准备

工具和材料清单见表 1—3—7。

表 1—3—7　　工具和材料清单

序号	分类	名称	型号规格	数量	备注
1	工具	电工工具		1 套	
2	器材	万用表	MF47 型或自定	1 块	
3		变频器	MM440 0.75 kW	1 台	
4		配电盘	500 mm×600 mm	1 块	
5		导轨	C45	0.3 m	
6		自动断路器	DZ47－63/3 P D20	1 只	
7		三相异步电动机	型号自定	1 台	
8		二位旋钮	LAY16	2 只	
9		电位器	2 kΩ	1 只	
10		端子排	D－10	1 根（10 节）	
11		铜塑线	BVR/2.5 mm^2；0.75 mm^2	各 5 m	
12		紧固件	螺钉（型号自定）	若干	
13		线槽	25 mm×35 mm	若干	
14		号码管		若干	

二、外部运行控制的操作练习

1. 外部启动、停止操作练习

（1）按照图 1—3—5 所示的接线图完成电路接线，并符合接线工艺要求。

（2）线路检查

1）检查电气元件的安装与接线是否牢固。

2）用万用表测试，检查接线是否正确。

（3）变频器参数设定

由外部端子启停电动机，运行频率由面板给定的控制方式，需要先接通断路器 QF，变频器在通电的情况下，进行以下操作。

1）恢复变频器工厂默认值　设定 P0010＝30 和 P0970＝1，按下 P 键开始复位，复位过程大约 10 s，这样就可保证变频器的参数恢复到工厂默认值。

2）设置电动机参数　为了使电动机与变频器相匹配，需要设置电动机参数，电动机参数设定完成后，设 P0010＝0，变频器当前处于准备状态，可正常运行。

3）变频器设置的参数，见表 1—3—8。

表 1—3—8　　参数设置

参数号	出厂值	设置值	说明
P0003	1	1	设用户访问级为扩展级
P0700	2	2	命令源选择“由端子排输入”
*P0701	1	1	ON 接通正转，OFF 停止
*P0702	1	2	ON 接通反转，OFF 停止

续表

参数号	出厂值	设置值	说明
P1000	2	1	由键盘（电动电位计）输入设定值
* P1080	0	0	电动机运行的最低频率（Hz）
* P1082	50	50	电动机运行的最高频率（Hz）
* P1120	10	5	斜坡上升时间（s）
* P1121	10	5	斜坡下降时间（s）
* P1040	5	20	设定键盘控制的频率值

（4）变频器运行操作

1）变频器正向运行控制　当闭合旋钮 SA1 时，变频器数字端口 5 为 ON，电动机按 P1120 所设置的 5 s 斜坡上升时间正向启动运行，经 5 s 后稳定运行频率达到 P1040 所设置的 20 Hz。当断开旋钮 SA1 时，变频器数字端口 5 为 OFF，电动机按 P1121 所设置的 5 s 斜坡下降时间停止运行。

2）变频器反向运行控制　当闭合旋钮 SA2 时，变频器数字端口 6 为 ON，电动机按 P1120 所设置的 5 s 斜坡上升时间正向启动运行，经 5 s 后稳定运行频率达到 P1040 所设置的 20 Hz。当断开旋钮 SA2 时，变频器数字端口 6 为 OFF，电动机按 P1121 所设置的 5 s 斜坡下降时间停止运行。

3）电动机的速度调节　更改 P1040 值，按上步操作过程，就可以改变电动机正常运行速度。

2. 通过模拟信号控制电动机运行

（1）电路接线　按照如图 1—3—8 所示的模拟信号控制电动机运行的外部控制线路图完成实训接线，并符合接线工艺要求。

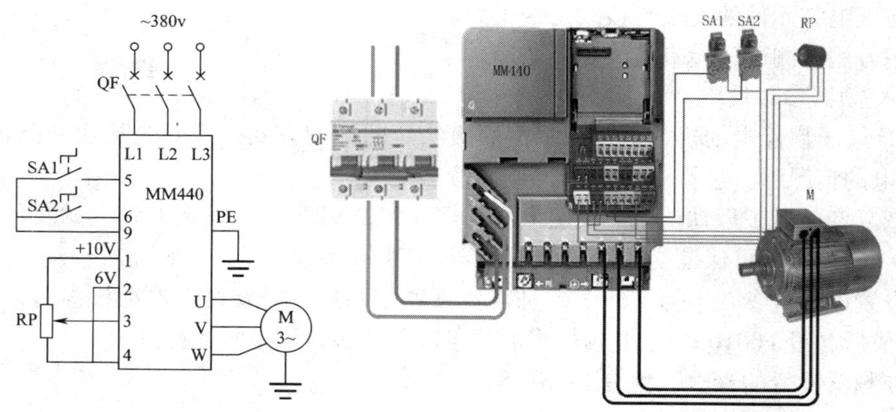

图 1—3—8　变频器电路原理与接线图

（2）线路检查

1）检查电气元件的安装与接线是否牢固。

2）用万用表测试，检查接线是否正确。

（3）变频器参数设定

由外部端子启停电动机，运行频率由面板给定的控制方式，需要先接通断路器 QF，变频器在通电的情况下，进行以下操作。

1）恢复变频器工厂默认值。设定 P0010 = 30 和 P0970 = 1，按下 P 键开始复位，复位过程大约 10 s，这样就可保证变频器的参数恢复到工厂默认值。

2）设置电动机参数。为了使电动机与变频器相匹配，需要设置电动机参数，电动机参数设定完成后，设 P0010 = 0，变频器当前处于准备状态，可正常运行。

3）变频器模拟信号操作控制参数设置见表 1—3—9。

表 1—3—9　　模拟信号操作控制参数

参数号	出厂值	设置值	说明
P0003	1	2	设用户访问级为扩展级
P0700	2	2	命令源选择由端子排输入
P0701	1	1	ON 接通正转，OFF 停止
P0702	1	2	ON 接通反转，OFF 停止
P1000	2	2	频率设定值选择为模拟输入
P1080	0	0	电动机运行的最低频率（H_Z）
P1082	50	50	电动机运行的最高频率（H_Z）

（4）变频器运行操作

1）电动机正转与调速　按下电动机正转自锁按钮 SB1，数字输入端子 5，电动机正转运行，转速由外接电位器 RP1 来控制，模拟电压信号在 0 ~ 10 V 之间变化，对应变频器的频率在 0 ~ 50 Hz 之间变化，对应电动机的转速在 0 ~ 1 500 r/min 之间变化。当松开带锁按钮 SB1 时，电动机停止运转。

2）电动机反转与调速　按下电动机反转自锁按钮 SB2，数字输入端子 6，电动机反转运行，与电动机正转相同，反转转速的大小仍由外接电位器来调节。当松开带锁按钮 SB2 时，电动机停止运转。

（5）训练完毕，切断电源，清理现场

任务测评

完成任务后先按照表 1—3—10 进行自我检查，再由指导老师评价审核。

表 1—3—10　　评分标准

序号	项目内容	考核要求	评分标准	配分	得分
1	设计原理图	（1）规范设计原理图 （2）正确绘图并保持图面清洁	电路图不规范或不清洁，每处扣 1 分	10	
2	元器件选择	（1）正确选择元件的型号 （2）检查元件的好坏	（1）元件型号选择不合理，每处扣 5 分 （2）未检查元件好坏，每处扣 5 分	20	

续表

序号	项目内容	考核要求	评分标准	配分	得分
3	接线	（1）正确使用工具和仪表 （2）按照电路图正确接线	（1）接线不规范，每处扣5分 （2）接线错误，扣20分 （3）工具和仪表使用不规范，每处扣2分	20	
4	参数设置	能根据任务要求正确设置变频器参数	（1）参数设置不全，每处扣5分 （2）参数设置错误，每处扣5分	20	
5	操作调试	正确操作调试	（1）变频器操作错误，每处扣5分 （2）调试失败，扣20分	20	
6	安全文明生产	遵守安全文明生产规定，如出现设备损坏、人身事故视为不合格	违反安全文明生产规程，扣5～10分	10	
备注			合计		
			教师签字：		

思考与练习

1. 简述变频器主回路和控制回路各端子的功能。

2. 如果外部模拟电压为直流0～10 V，如何设置参数？

3. 电动机正转运行控制，要求稳定运行频率为40 Hz，DIN3端口设为正转控制。画出变频器外部接线图，并进行参数设置、操作调试。

4. 利用变频器外部端子实现电动机正转、反转和点动的功能，电动机加减速时间为4 s,点动频率为10 Hz。DIN5端口设为正转控制，DIN6端口设为反转控制，进行参数设置、操作调试。

5. 通过模拟输入端口“10”“11”，利用外部接入的电位器控制电动机转速的大小。连接线路，设置端口功能参数值。

任务4　变频器的多段速运行操作

学习目标

1. 掌握变频器多段速频率控制方式。
2. 熟练掌握变频器的多段速运行操作过程。
3. 能够独立完成多段速线路的安装与调试。

任务引入

多段速控制也称作固定频率控制。由于工艺上的要求，很多生产机械设备在不同阶段需要不同的运行转速。因此，变频器都提供了多段速控制功能。一般地，变频器多段速的控制都是通过外接开关对输入端子的状态组合来实现的。

本任务完成变频器三段速的控制。

相关知识

一、多段速端子功能的电路接线

如图1—4—1所示为MM440变频器多段速端子功能的电路原理接线图。其六个数字输入端口（DIN1～DIN6），即端口5、6、7、8、16和17，通过旋钮开关进行接线，完成相关参数的设定后，可实现多段速的控制。

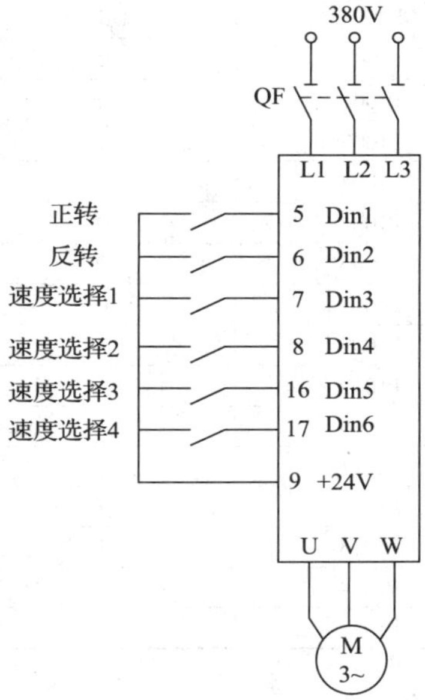

380V
QF
L1 L2 L3
正转 5 Din1
反转 6 Din2
速度选择1 7 Din3
速度选择2 8 Din4
速度选择3 16 Din5
速度选择4 17 Din6
9 +24V
U V W
M 3~

图1—4—1 MM440变频器多段速端子功能的电路原理接线图

二、多段速端子功能的参数设置

多段速功能就是通过设置参数P1000=3的条件下，用开关量端子选择固定频率的组合，实现电动机多段速度运行。可通过如下三种方法实现。

1．直接选择（P0701－P0706=15）

在这种操作方式下，一个数字输入选择一个固定频率，端子与参数设置对应见表1—4—1。

表1—4—1　端子与参数设置对应

端子编号	对应参数	对应频率设置值	说明
5	P0701	P1001	1．频率给定源P1000必须设置为3 2．当多个选择同时激活时，选定的频率是它们的总和
6	P0702	P1002	
7	P0703	P1003	
8	P0704	P1004	
16	P0705	P1005	
17	P0706	P1006	

2．直接选择＋ON命令（P0701－P0706=16）

在这种操作方式下，数字量输入端子既选择固定频率（见表1—4—1），又具备启动功能。

3．二进制编码选择＋ON命令（P0701－P0704=17）

MM440变频器的六个数字输入端口（DIN1～DIN6），通过P0701～P0706设置实现多频段控制。每一频段的频率分别由P1001～P1015参数设置，最多可实现15频段控制。例如，用DIN1、DIN2、DIN3、DIN4四个输入端口来选择15段频率，其固定频率组合形式见表

1—4—2。在多频段控制中，电动机的转速方向是由 P1001 ~ P1015 参数所设置的频率正负决定的。六个数字输入端口，哪一个作为电动机运行、停止控制，哪些作为多段频率控制，可以由用户任意确定，一旦确定了某一数字输入端口的控制功能，其内部的参数设置值必须与端口的控制功能相对应。

表 1—4—2　　固定频率组合对应表

频率设定	DIN4	DIN3	DIN2	DIN1
P1001	0	0	0	1
P1002	0	0	1	0
P1003	0	0	1	1
P1004	0	1	0	0
P1005	0	1	0	1
P1006	0	1	1	0
P1007	0	1	1	1
P1008	1	0	0	0
P1009	1	0	0	1
P1010	1	0	1	0
P1011	1	0	1	1
P1012	1	1	0	0
P1013	1	1	0	1
P1014	1	1	1	0
P1015	1	1	1	1

任务实施

一、任务准备

工具和材料清单见表 1—4—3。

表 1—4—3　　工具和材料清单

序号	分类	名称	型号规格	数量	备注
1	工具	电工工具		1 套	
2	器材	万用表	MF47 型或自定	1 块	
3		变频器	MM440 0.75 kW	1 台	
4		配电盘	500 mm × 600 mm	1 块	
5		导轨	C45	0.3 m	
6		自动断路器	DZ47 - 63/3P D20	1 只	
7		三相异步电动机	型号自定	1 台	
8		二位旋钮	LAY16	3 只	
9		端子排	D - 10	1 根（10 节）	
10		铜塑线	BVR/2.5 mm^2；0.75 mm^2	各 5 m	
11		紧固件	螺钉（型号自定）	若干	
12		线槽	25 mm × 35 mm	若干	
13		号码管		若干	

二、多段速控制操作练习

1．按照如图 1—4—2 所示的变频器三段速控制电路原理与接线图完成电路接线，并符合接线工艺要求。

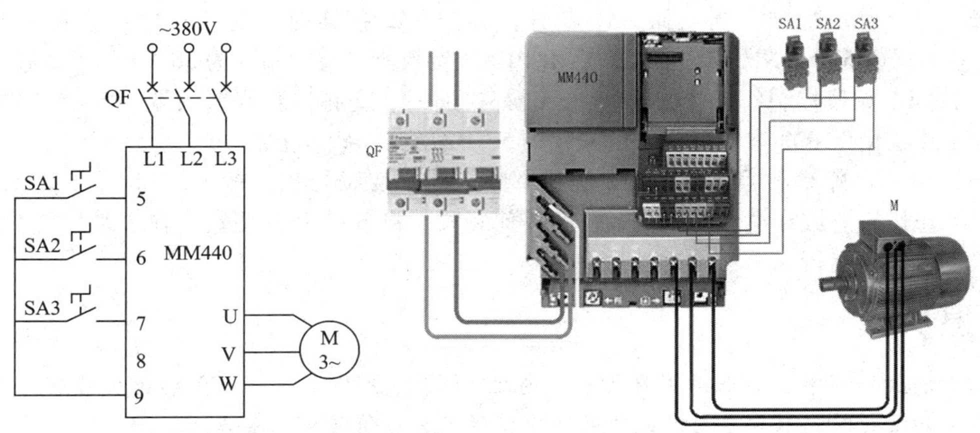

图 1—4—2　变频器三段速控制电路原理与接线图

2．线路检查

（1）检查电气元件的安装与接线是否牢固。

（2）用万用表测试，检查接线是否正确。

3．变频器参数设置

接通断路器 QF，变频器在通电的情况下，进行以下操作。

（1）恢复变频器工厂默认值　设定 P0010 = 30 和 P0970 = 1，按下 P 键，开始复位，复位过程大约 10 s，这样就可保证变频器的参数恢复到工厂默认值。

（2）设置电动机参数　为了使电动机与变频器相匹配，需要设置电动机参数，电动机参数设定完成后，设 P0010 = 0，变频器当前处于准备状态，可正常运行。

（3）变频器三段固定频率控制参数设置见表 1—4—4。

表 1—4—4　　变频器三段固定频率控制参数设置

参数号	出厂值	设置值	说明
P0003	1	1	设用户访问级为扩展级
P0700	2	2	命令源选择由端子排输入
P0701	1	17	选择固定频率
P0702	1	17	选择固定频率
P0703	1	1	ON 接通正转，OFF 停止
P1000	2	3	选择固定频率设定值
P1001	0	20	选择固定频率 1（Hz）
P1002	5	30	选择固定频率 2（Hz）
P1003	10	50	选择固定频率 3（Hz）

4．变频器运行操作

首先闭合旋钮 SA3，设置数字输入端口 7 为 ON，允许电动机运行。

（1）第 1 频段控制　当闭合旋钮 SA1，旋钮 SA2 断开时，变频器数字输入端口 5 为 ON，端口 6 为 OFF，变频器工作在由 P1001 参数所设定的频率为 20 Hz 的第 1 频段上。

（2）第 2 频段控制　当旋钮 SA1 断开，旋钮 SA2 接通时，变频器数字输入端口 5 为 OFF，输入端口 6 为 ON，变频器工作在由 P1002 参数所设定的频率为 30 Hz 的第 2 频段上。

（3）第 3 频段控制　当旋钮 SA1、SA2 都接通时，变频器数字输入端口 5、6 均为 ON，变频器工作在由 P1003 参数所设定的频率为 50 Hz 的第 3 频段上。

（4）电动机停车　当 SA1、SA2 旋钮都断开时，变频器数字输入端口 5、6 均为 OFF，电动机停止运行。或在电动机正常运行的任何频段，将 SA3 断开使数字输入端口 7 为 OFF，电动机也能停止运行。

操作提示

三个频段的频率值可根据用户要求，通过 P1001、P1002 和 P1003 参数来修改。当电动机需要反向运行时，只要将对应频段的频率值设定为负值就可以实现。

5．训练完毕，切断电源，清理现场

任务测评

完成任务后先按照表 1—4—5 进行自我检查，再由指导教师评价审核。

表 1—4—5　　**评分标准**

序号	项目内容	考核要求	评分标准	配分	得分
1	设计原理图	（1）规范设计原理图 （2）正确绘图并保持图面清洁	电路图不规范或不清洁，每处扣 1 分	10	
2	元器件选择	（1）正确选择元件的型号 （2）检查元件的好坏	（1）元件型号选择不合理，每处扣 5 分 （2）未检查元件好坏，每处扣 5 分	20	
3	接线	（1）正确使用工具和仪表 （2）按照电路图正确接线	（1）接线不规范，每处扣 5 分 （2）接线错误，扣 20 分 （3）工具和仪表使用不规范，每处扣 2 分	20	
4	参数设置	能根据任务要求正确设置变频器参数	（1）参数设置不全，每处扣 5 分 （2）参数设置错误，每处扣 5 分	20	

续表

序号	项目内容	考核要求	评分标准	配分	得分
5	操作调试	正确操作调试	（1）变频器操作错误，每处扣5分 （2）调试失败，扣20分	20	
6	安全文明生产	遵守安全文明生产规定，如出现设备损坏、人身事故视为不合格	违反安全文明生产规程，扣5~10分	10	
备注			合计		
			教师签字		

思考与练习

用自锁按钮控制变频器实现电动机12段速频率运转。12段速设置分别为：第1段输出频率为5 Hz；第2段输出频率为10 Hz；第3段输出频率为15 Hz；第4段输出频率为－15 Hz；第5段输出频率为－5 Hz；第6段输出频率为－20 Hz；第7段输出频率为25 Hz；第8段输出频率为40 Hz；第9段输出频率为50 Hz；第10段输出频率为30 Hz；第11段输出频率为－30 Hz；第12段输出频率为60 Hz。画出变频器外部接线图，写出参数设置。

任务5　变频器的PID控制运行操作

学习目标

1. 理解PID的控制原理。
2. 掌握PID运行参数设定和定义端子功能参数的设定。
3. 能够正确完成PID控制的接线与调试。
4. 能独立完成变频器的PID调速控制系统的简单安装与调试。

任务引入

所谓PID控制，就是在一个闭环控制系统中，使被控物理量能够迅速而准确无限接近于控制目标的一种手段。PID控制功能是变频器应用技术的重要领域之一，也是变频器发挥其卓越效能的重要技术手段。本任务将利用变频器的PID控制功能实现如图1—5—1所示的电动机调速控制。PID控制的目标值通过操作面板（BOP）设定，PID的反馈值（反馈用外部给定模拟）由端子3和端子4引入。正常工作时反馈值与目标值比较，并按预置的PID值调整变频器的输出，从而达到改变电动机转速的目的。

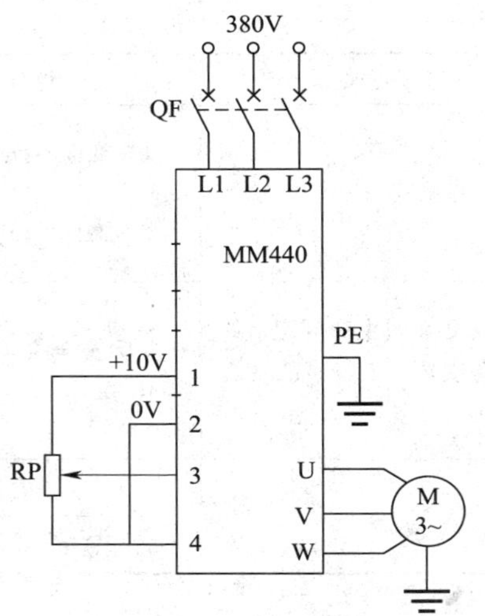

图 1—5—1　变频器 PID 调速系统电路图

相关知识

一、变频器的 PID 基本概念

PID 控制也称比例、积分、微分控制，属于闭环控制。PID 控制是指用传感器检测被控量的实际值并反馈给变频器，与被控量的目标信号进行比较，如果实际值与目标值相比较有偏差，则通过 PID 的控制作用，使偏差减小，直到达到预定的控制目标。大部分变频器都具有 PID 控制功能，其结构简单、稳定性好、工作可靠、调整方便，在过程控制中应用广泛。PID 控制可用于压力控制、温度控制、流量控制等过程。

1．PID 的控制原理

如图 1—5—2 所示是 MM440 变频器 PID 控制原理简图。PID 控制器由比例单元 P、积分单元 I、微分单元 D 组成，是闭环控制的一种调节手段，目的是使控制系统的被控量迅速而准确地接近于目标值。

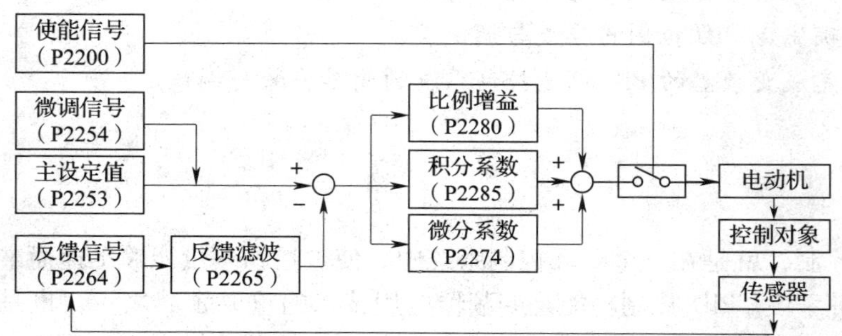

图 1—5—2　MM440 变频器 PID 控制原理简图

PID 控制具有较强的适应性和灵活性，可以进行（P）比例控制、比例积分（PI）控制、比例微分（PD）控制和比例积分微分（PID）控制。

（1）P 比例控制　比例控制是一种最简单的控制方式，P 表示其控制作用强弱，P 越大，作用越强、响应快，但系统稳定性差；P 越小，作用越弱、响应慢，系统稳定性好。比例控制是控制参数的核心，必须设定。调节中必须先调节 P，只有当 P 调节达到控制要求后，才能加入积分或微分。

（2）PI 控制　PI 控制由比例控制和积分控制组合而成，根据偏差及时间变化，产生一个执行量。只要偏差存在，积分的作用将使控制量向消除偏差的方向移动，I 越大则消除偏差的作用越弱，到达时间越长；I 越小则消除偏差的作用越强，到达时间越短。偏差为零，则系统稳定运行。

（3）PD 控制　PD 控制由比例控制和微分控制组合而成，根据改变动态特性的偏差速率，产生一个执行量。加入微分控制可以改变偏差的变化快慢，在控制开始时，可抑制超调幅度，对于有大惯性或滞后的被控物理量，加入微分控制后能改善系统在调节过程中的动态特性。

（4）PID 控制　PID 是由 PI 控制和 PD 控制的优点组合控制。

2．PID 的控制特点

（1）PID 应用范围广　虽然很多工业过程是非线性或时变的，但通过对其简化可以变成基本线性和动态特性不随时间变化的系统，这样 PID 就能控制。

（2）PID 参数较易整定　PID 参数 *Kp*、*Ti* 和 *Td* 可以根据过程的动态特性及时整定。如果过程的动态特性变化，如可能由负载的变化引起系统动态特性变化，重新整定 PID 参数即可。

（3）PID 控制器在实践中也不断得到改进，如智能化 PID、人工智能化系统、模糊控制等。

二、变频器的内置 PID 功能

MM440 变频器通过内置 PID 功能，实现闭环控制。凡是内置了 PID 控制功能的变频器都设置了一组 PID 参数群，其 PID 的控制参数主要有以下几个方面。

1．PID 使能信号的选择

PID 闭环运行，首先必须选择 PID 功能有效。例如：MM440 变频器使能信号参数设定为 P2200 = 1。

2．设定信号与反馈信号输入方式选择

（1）设定信号（又称给定信号）是与被控物理量的控制目标对应的信号。在 PID 的控制中，设定信号是指在测量值全范围中确定一个符号现场控制要求的一个数值，并以该数字为目标值，使系统最终稳定在此数值的水平或范围内，并且越接近越好。MM440 变频器 PID 给定源参数见表 1—5—1。

表 1—5—1　　MM440 变频器 PID 给定源参数

PID 给定源	设定值	功能解释	说明
P2253	= 2250	BOP 面板	通过改变 P2240 改变目标值
	= 755. 0	模拟通道 1	通过模拟量大小来改变目标值
	= 755. 1	模拟通道 2	

（2）反馈信号是通过现场传感器测量、与被控物理量的实际值对应的信号。通过 PID 的调节功能将给定值与反馈值相比较得到的差值进行微调，以判断是否到达预定的控制目标。MM440 变频器 PID 反馈源参数见表 1—5—2。

表 1—5—2　　**MM440 变频器 PID 反馈源参数**

PID 反馈源	设定值	功能解释	说明
	=755.0	模拟通道 1	当模拟量波动较大时，可适当加大滤波时间，确保系统稳定
	=755.1	模拟通道 2	

提示

可以通过参数将设定信号的输入方式设定为面板输入或外接端子输入（电压信号或电流信号）。反馈信号的输入方式必须是外接端子输入，可以通过参数设定电压输入或电流输入。

3. 控制参数 P、I、D 的选择

在使用内置 PID 参数控制，只需设定比例增益 Kp、积分时间 T_i 和微分时间 T_d 三个参数。一般在实际应用中，需要现场设定 P 和 I 参数，微分参数一般不设定。

例如，MM440 变频器 PID 三个控制参数为 P2280（比例增益设置）、P2285（积分时间设置）和 P2274（微分时间设置）。

4. 现场调试 P、I、D 参数的一般原则

一般在初次调试时，P 可按中间偏大值预置或者暂时默认出厂值，待设备运转时再按实际情况细调。细调的原则：当被控物理量在目标值附近振荡时，首先加大积分时间 I，如仍有振荡，可适当减小比例增益 P；若被控物理量在发生变化后难以恢复，首先加大比例增益 P，如果恢复仍较缓慢，可适当减小积分时间 I，还可加大微分时间 D，直到基本不振荡为止。

任务实施

一、任务准备

工具和材料清单见表 1—5—3。

表 1—5—3　　**工具和材料清单**

序号	分类	名称	型号规格	数量	备注
1	工具	电工工具		1 套	
2	器材	万用表	MF47 型或自定	1 块	
3		变频器	MM440 5.5 kW	1 台	
4		配电盘	500 mm×600 mm	1 块	
5		导轨	C45	0.3 m	
6		自动断路器	DZ47－63/3 P D40	1 只	
7		三相异步电动机	型号自定	1 台	
8		可调电位器	2 kΩ	1 只	
9		端子排	D－10	1 根（10 节）	
10		铜塑线	BVR1.5/2.5 mm^2	各 5 m	
11		紧固件	螺钉（型号自定）	若干	
12		线槽	25 mm×35 mm	若干	
13		号码管		若干	

二、变频器 PID 调速控制系统电路安装与调试

1. 绘制电路原理图

参考图 1—5—1，正确绘制 PID 调速控制系统电路原理图。

2. 安装元件

（1）安装前，检查元器件的质量好坏。

（2）按照布置图安装电气元件，并贴上醒目的标签。

（3）根据图 1—5—1 与变频器使用说明书的安装要求，在实验板上正确安装布局。变频器最好安装在实验板的中部，变频器要垂直安装，正上方和正下方要避免有大的元器件，元器件位置要整齐匀称，间距合理。

3. 按图接线

按照如图 1—5—1 所示的电路图，完成实训接线，并符合布线工艺要求。

4. 线路检查

（1）检查电气元件的安装与接线是否牢固。

（2）用万用表测试，检查接线是否正确。

5. 变频器参数设置

（1）参数复位。恢复变频器工厂默认值，设定 P0010 = 30 和 P0970 = 1，按下 P 键，开始复位，复位过程大约为 10 s，保证了变频器的参数恢复到工厂默认值。

（2）设置电动机参数，见表 1—5—4。电动机参数设置完成后，设 P0010 = 0，变频器当前处于准备状态，可正常运行。

表 1—5—4　　电动机参数设置

参数号	出厂值	设置值	说明
P0003	1	1	设用户访问级为标准级
P0010	0	1	快速调试
P0100	0	0	功率以 kW 表示，频率为 50 Hz
P0304	230	380	电动机额定电压（V）
P0305	3.25	1.05	电动机额定电流（A）
P0307	0.75	0.37	电动机额定功率（kW）
P0310	50	50	电动机额定频率（Hz）
P0311	0	1 400	电动机额定转速（r/min）

（3）设置控制参数，见表 1—5—5。

表 1—5—5　　控制参数表

参数号	出厂值	设置值	说明
P0003	1	2	用户访问级为扩展级
P0004	0	0	参数过滤显示全部参数
P0700	2	1	由 BOP（键盘）设置
P1000	2	1	频率设定由 BOP（▲▼）设置
* P1080	0	20	电动机运行的最低频率（下限频率）（H_Z）
* P1082	50	50	电动机运行的最高频率（上限频率）（H_Z）
P2200	0	1	PID 控制功能有效

注：表 1—5—5 中，标“ * ”号的参数可根据用户的需要改变，以下相同。

（4）设置目标参数，见表1—5—6。

表1—5—6　　目标参数表

参数号	出厂值	设置值	说明
P0003	1	3	用户访问级为专家级
P0004	0	0	参数过滤显示全部参数
* P2240	10	60	由面板BOP（▲▼）设定的目标值（%）
P2253	0	2250	已激活的PID设定值（PID设定值信号源）

当P2232 =0允许反向时，可以用面板BOP键盘上的（▲▼）键设定P2240值为负值。

（5）设置反馈参数，见表1—5—7。

表1—5—7　　反馈参数表

参数号	出厂值	设置值	说明
P2264	0.0	755	模拟输入1设置（反馈信号）

（6）设置PID参数，见表1—5—8。

表1—5—8　　PID参数表

参数号	出厂值	设置值	说明
* P2280	3	10	PID比例增益系数
* P2285	0	3	PID积分时间

6．变频器运行操作

（1）按下操作面板按钮 Ⓘ，启动变频器。

（2）调节输入电压，观察并记录电动机的运转情况。

改变P2280、P2285的值，重复4、5次，观察电动机运转状态有什么变化。

（3）按下操作面板按钮 Ⓞ，停止变频器。

（4）如果需要，则目标设定值（P2240值）可直接通过按操作面板上的（▲▼）键来改变。当设置P2231 =1时，由（▲▼）键改变了的目标设定值将被保存在内存中。

7．训练完毕，切断电源，清理现场

任务测评

完成任务后先按照表1—5—9进行自我检查，再由指导老师评价审核。

表 1—5—9 评分标准

序号	项目内容	考核要点	评分标准	配分	得分
1	设计原理图	（1）规范性设计原理图 （2）正确绘图并保持图面清洁	电路图不规范或不清洁，每处扣 1 分	10	
2	元器件选择	（1）正确选择元件的型号 （2）检查元件的好坏	（1）元件型号选择不合理，每处扣 5 分 （2）未检查元件好坏，每处扣 5 分	20	
3	接线	（1）正确使用工具和仪表 （2）按照电路图正确接线	（1）接线不规范，每处扣 5 分 （2）接线错误，扣 20 分 （3）工具和仪表使用不规范，每处扣 2 分	20	
4	参数设置	能根据任务要求正确设置变频器参数	（1）参数设置不全，每处扣 5 分 （2）参数设置错误，每处扣 5 分	20	
5	操作调试	正确操作调试	（1）变频器操作错误，每处扣 5 分 （2）调试失败，扣 20 分	20	
6	安全文明生产	遵守安全文明生产规定，如出现设备损坏、人身事故视为不合格	违反安全文明生产规程，扣 5 ~ 10 分	10	
备注			合计		
			教师签字：		

思考与练习

1. 试简述 PID 循环控制的概念。
2. 试简述 PID 控制回馈信号的接入方法。
3. 试简述变频器按 P、I、D 调节规律运行时的特点。
4. 试简述变频器 PID 控制的调试方法。

任务 6 变频器的选择、安装与维护

学习目标

1. 掌握变频器的选择方法。

2．了解变频器的安装条件和安装方法。

3．能够进行变频器的日常维护与检查。

任务引入

在选择和使用变频器控制电气设备运行时，首先要选择变频器，选择时应根据负载情况选择相应的变频器及其外部设备。在进行设备安装时应该注意变频器的安装环境、安装空间、主电路线径的选择、控制电路的接线方法等，并了解变频器通电前需检查的内容。变频调速系统在长时间运行时，为了减少故障、保证系统能安全可靠地运行，需要对变频器进行日常维护与检查。因此，本节任务主要针对变频器控制恒压供水系统的电气柜安装，来学习变频器的选择、安装与维护。

相关知识

一、变频器的选择

1．变频器容量的选择

（1）根据电动机电流选择变频器容量

采用变频器对异步电动机进行调速时，在异步电动机确定后，通常根据异步电动机的额定电流来选择变频器，或者根据异步电动机实际运行中的电流值（最大值）来选择变频器。

1）连续运行的场合　由于变频器供给电动机的电流是脉动电流，其脉动值比工频供电时的电流要大。因此须将变频器的容量留有适当的余量。

通常应使变频器的额定输出电流≥（1.05～1.1）倍电动机的额定电流（铭牌值）或电动机实际运行中的最大电流。

2）加、减速时变频器容量的选定　变频器的最大输出转矩是由变频器的最大输出电流决定的。一般情况下，对于短时间的加、减速而言，变频器允许达到额定输出电流130%～150%（视变频器容量而定）。在短时加、减速时的输出转矩也可以增大；反之如只需要较小的加、减速转矩时，也可降低选择变频器的容量。由于电流的脉动原因，此时应将变频器的最大输出电流降低10%后再进行选定。

3）频繁加、减速运转时变频器容量的选定　对于频繁加、减速运转时，可根据加速、恒速、减速等各种运行状态下变频器的电流值来确定变频器额定输出电流 I_{INV}：

$$I_{INV} = [(I_1t_1 + I_2t_2 + \cdots)/(t_1 + t_2 + \cdots)]K_0 \tag{1—6—1}$$

式中　I_1、I_2——各运行状态下的平均电流，A；

t_1、t_2——各运行状态下的时间，s；

K_0——安全系数（频繁运行时 K_0 取1.2，一般 K_0 取1.1）。

4）电流变化不规则的场合　运行中如果电动机电流不规则变化，此时不易获得运行特性曲线。这时，可使电动机在输出最大转矩时的电流限制在变频器的额定输出电流内进行选定。

5）电动机直接启动时所需变频器容量的选定　通常，三相异步电动机直接用工频启动时启动电流为其额定电流的 5 ~7 倍，直接启动时可按下式选取变频器：

$$I_{INV} \geqslant I_K/K_g \tag{1—6—2}$$

式中 I_K——在额定电压、额定频率下电动机启动时的堵转电流，A；

K_g——变频器的允许超载倍数，$K_g = 1.3 \sim 1.5$。

6）多台电动机共享一台变频器供电　上述 5 条仍适用，但应考虑以下几点：

①在电动机总功率相等的情况下，由多台小功率电动机组成的一组电动机的效率比台数少但电动机功率较大的一组低，因此，两者电流总值并不等，可根据各电动机的电流总值来选择变频器。

②在整定软启动、软停止时，一定要按启动最慢的那台电动机进行整定。

③若有一部分电动机直接启动时，可按下式进行计算：

$$I_{INV} \geqslant [N_2 I_K + (N_1 - N_2) I_N]/K_g \tag{1—6—3}$$

式中 N_1——电动机总台数；

N_2——直接启动的电动机台数；

I_K——电动机直接启动时的堵转电流，A；

I_N——电动机额定电流，A；

K_g——变频器允许超载倍数（1.3 ~1.5）；

I_{INV}——变频器额定输出电流。

多台电动机依次进行直接启动，到最后一台时，启动条件最不利。

7）容量选择注意事项

①并联追加投入启动　用 1 台变频器使多台电动机并联运转时，如果所有电动机同时启动加速，可按如前所述选择容量。但是对于一小部分电动机开始启动后再追加投入其他电动机启动的场合，此时变频器的电压、频率已经上升，追加投入的电动机将产生大的启动电流。因此，变频器容量与同时启动时相比需要大些。

②大超载容量　根据负载的种类往往需要超载容量大的变频器。通用变频器超载容量通常多为 125%、60 s 或 150%、60 s，需要超过此值的超载容量时必须增大变频器的容量。

③轻载电动机　电动机的实际负载比电动机的额定输出功率小时，多认为可选择与实际负载相称的变频器容量。对于通用变频器，即使实际负载小，使用比按电动机额定功率选择的变频器容量小的变频器并不理想。

（2）输出电压的选择

变频器的输出电压按电动机的额定电压选定。在我国低压电动机多数为 380 V，可选用 400 V 系列变频器。应当注意变频器的工作电压是按 U/f 曲线变化的。变频器规格表中给出的输出电压是变频器的可能最大输出电压，即基频下的输出电压。

（3）输出频率的选择

变频器的最高输出频率根据机种不同而有很大不同，有 50 Hz/60 Hz、120 Hz、240 Hz 或更高。50 Hz/60 Hz 的变频器以在额定速度以下范围内进行调速运转为目的，大容量通用变频器几乎都属于此类。最高输出频率超过工频的变频器多为小容量。在 50 Hz/60 Hz 以上区域，由于输出电压不变，为恒功率特性，要注意在高速区转矩的减小。例如，车床根据工件的直径和材料改变速度，在恒功率的范围内使用；在轻载时采用高速可以提高生产率，只需注意不要超过电动机和负载的容许最高速度。

考虑以上各点，应根据变频器的使用目的所确定的最高输出频率来选择变频器。

变频器内部产生的热量大，考虑到散热的经济性，除小容量变频器外几乎都是开启式结构，采用风扇进行强制冷却。变频器设置场所在室外或周围环境恶劣时，最好装在独立盘上，采用具有冷却热交换装置的全封闭式结构。

对于小容量变频器，在粉尘、油雾多的环境或者棉绒多的纺织厂也可采用全封闭式结构。

2．变频器外部设备及其选择

变频器的运行离不开某些外围设备，这些外围设备通常都是选购件。选用外围设备通常是为了提高变频器的某些性能，对变频器和电动机进行保护以及减小变频器对其他设备的影响等。

变频器的外围设备如图1—6—1所示，下面分别说明其用途与注意事项等。

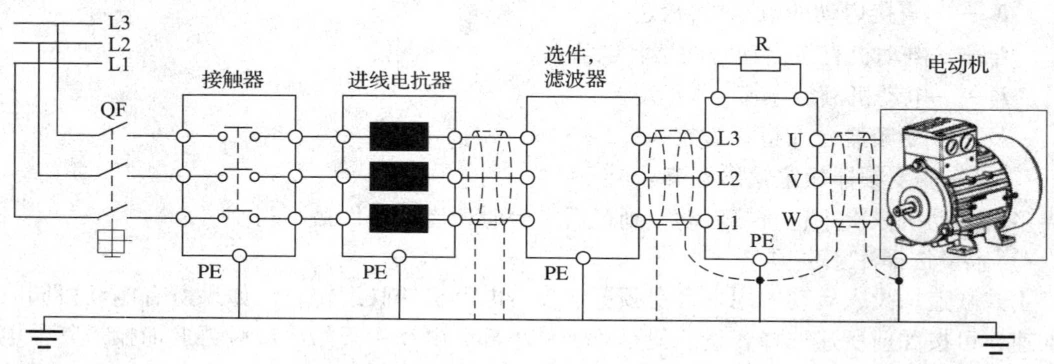

图1—6—1　变频器的外围设备

（1）电源侧开关QF

电源侧开关QF（低压断路器）用于控制电源回路的通断，在出现过流或短路事故时自动切断电源，以防事故扩大。如果需要进行接地保护，也可采用漏电保护式开关。使用变频器时都应采用QF，其外形如图1—6—2所示。

（2）接触器KM

接触器KM用于控制变频器电源的通断。在变频器保护功能起作用时，切断电源。对于电网停电后的复电，可以防止自动再投入，以保护设备及人身安全。

（3）滤波器

在变频器输入、输出电路中，有许多高频谐波电流，滤波器用于抑制变频器产生的电磁干扰噪声的传导，也可抑制外界无线电干扰以及瞬时冲击、浪涌对变频器的干扰。变频器输入滤波器如图1—6—3所示。

（4）电抗器

1）进线电抗器，如图1—6—4所示。进线电抗器串联在电源进线与变频器输入侧（R/L1、S/L2、T/L3），用于抑制输入电流的高次谐波，减少电源浪涌对变频器的冲击，改善三相电源的不平衡性，提高输入电源的功率因数。在下列情况下使用输入电抗器。

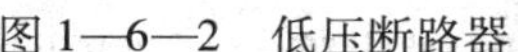

图 1—6—2 低压断路器

图 1—6—3 变频器输入滤波器

①同一电源上接有晶闸管设备或带有开关控制的功率因数补偿装置。

②三相电源的电压不平衡度较大（≥3%）。

2）输出电抗器，如图 1—6—5 所示。输出电抗器串联在变频器输出侧（U、V、W）和电动机之间，限制电动机连接电缆的容性充电电流和电动机绕组的电压上升率，减少变频器功率元件动作时产生的干扰和冲击，改善变频器输出电流的波形，降低电动机的噪声。当电动机电缆长度大于 50 m（屏蔽电缆）或 100 m（非屏蔽电缆）时，可以考虑选择输出电抗器。

图 1—6—4 进线电抗器

图 1—6—5 输出电抗器

（5）制动电阻 R

常用制动电阻如图 1—6—6 所示，主要用于吸收电动机再生制动的再生电能，可以缩短大惯量负载的自由停车时间。还可以在位能负载下放时，实现再生运行。当电动机制动较快时，变频器直流回路储能电容器的电压会上升很高，过高的电压会使变频器中的制动过电压保护动作，甚至造成变频器损坏。因此，需要选择外接制动电阻来耗散电动机再生的能量。

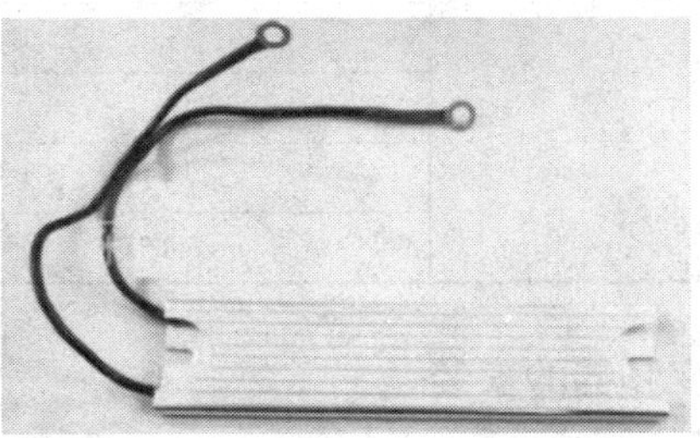

图 1—6—6 制动电阻

1）制动电阻值的确定　目前，确定制动电阻值的方法有很多种，从工程角度来说的精确计算法在实际计算中常常会感到困难，主要原因就是部分参数无法确定。目前，常用方法的就是估算法，实践证明，当放电电流等于电动机额定电流的一半时，就可以得到与电动机的额定转矩相同的制动转矩了，因此，制动电阻阻值的取值范围为：

$$\frac{U_D}{I_{MN}} < R \leqslant \frac{2 \times U_D}{I_{MN}}$$

式中　U_D——制动电压准位；

I_{MN}——电动机的额定电流。

2）制动电阻容量的确定　在实际拖动系统中进行制动时间比较短，在短时间内，制动电阻的温升不足以达到稳定温升。因此，决定制动电阻容量的原则是在制动电阻的温升不超过其允许数值（即额定温升）的前提下，应尽量减小容量，粗略算法如下：

$$P_B = \lambda \times P \times ED\% = \lambda \frac{U_D^2}{R} \times ED\%$$

式中　$\lambda = 1 - \frac{|R - R_B|}{R_B}$——变频器降额使用系数；

$ED\%$——刹车使用率；

R——实际选用的电阻阻值。

通常，在变频器的使用手册当中都有制动电阻的选配表，可在选用时参考。西门子MM440小功率变频器制动电阻的选配见表1—6—1。

表1—6—1　　西门子MM440小功率变频器制动电阻的选配表

变频器电压等级	变频器功率（kW）	制动电阻值（Ω）	制动电阻功率（W）
220 V系列	0.75	200	120
	1.5	100	300
	2.2	70	300
	3.7	40	300
	5.5	30	500
380 V系列	0.75	750	120
	1.5	400	300
	2.2	250	300
	3.7	150	500
	5.5	100	500
	7.5	75	780
	11	50	1200
	15	40	1560

二、变频器的安装

1. 安装环境

变频器是精密的电子设备，为了确保其稳定运行，计划安装时，应考虑其工作场所和环境，以使其充分发挥应有的功能。如图 1—6—7 所示为不宜安装使用变频器的场所。如果在这些场所安装或使用变频器，有可能导致变频器动作异常或发生故障。

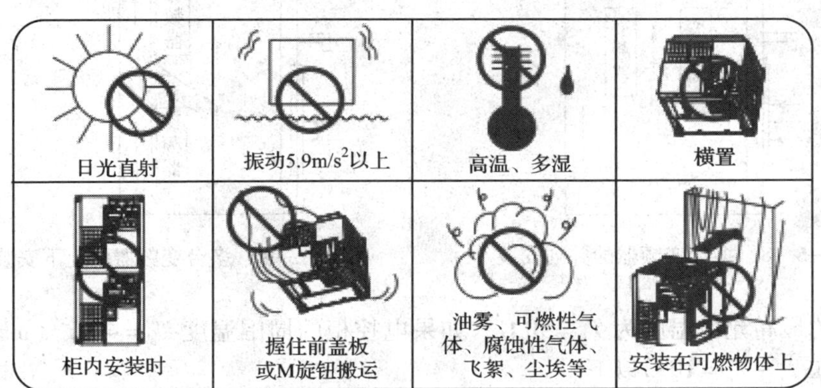

图 1—6—7　不宜安装变频器的场合

（1）设置变频器场所的条件

1）结构房或电气室应湿气少，无水浸的顾虑。

2）无易燃、易爆气体，腐蚀性气体、液体、粉尘少。

3）变频器易于搬入和搬出。

4）易于进行定期的变频器维修和检查。

5）应备有通风口或换气装置，以排出变频器产生的热量。

6）应与易受高次谐波干扰的装置隔离。

（2）长期维持变频器可靠运行的条件

1）环境温度：－10 ~ +40℃。

2）相对湿度：20% ~90% RH。

3）海拔：1 000 m 以下。装设环境为 1 000 m 以上时，每超过 100 m，额定容量减少 10%。

4）振动：设置场所的振动加速度应限制在 0.6 g 以内，振动超值时会使变频器的紧固件松动，继电器和接触器等触点部件误动作，可能导致不稳定运行。所以在振动场所应用变频器时，应采取防振措施，并进行定期检查和维护、加固。

2．变频器的柜内安装

（1）柜内安装时，变频器必须垂直安装。

（2）安装多个变频器时，要并列放置，安装后采取冷却措施，如图 1—6—8 所示。

（3）多台变频器若采用上下安装时，中间应用导流隔板，如图 1—6—9 所示。

3．安装空间

变频器运行时会产生热量。为了便于通风，使变频器散热，变频器应垂直安装，不可倒置，并且安装时要使其与其他设备、墙壁或电路管道有足够远的距离。

（1）环境温度和湿度要求

很多生产现场将变频器安装在电控柜内，为达到环境温度和湿度要求，要确保足够的安装空间，同时应注意散热问题，如图 1—6—10 所示。

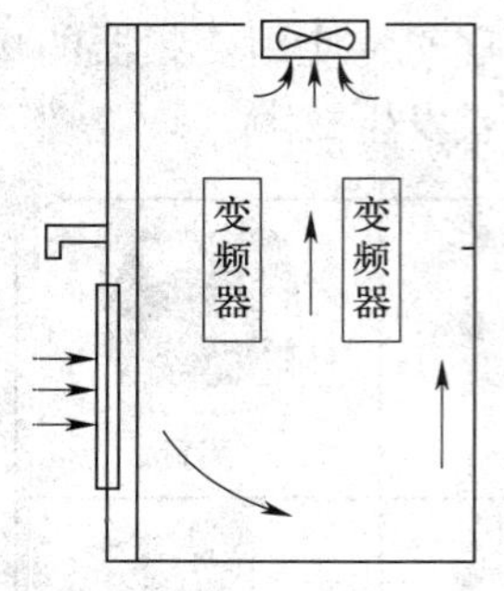

图1—6—8　多台变频器的并列安装

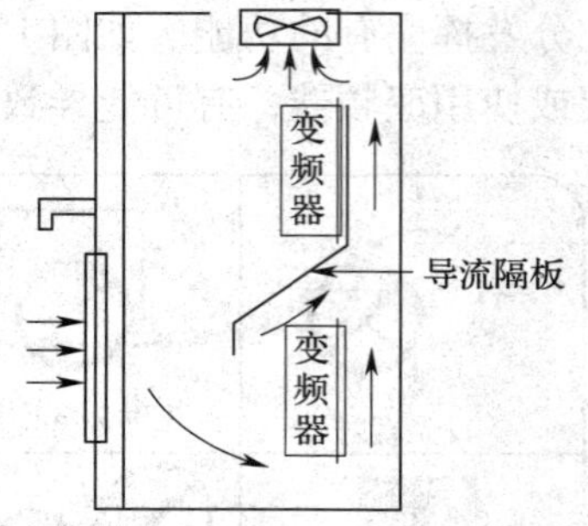

图1—6—9　多台变频器的上下安装

变频器的最高允许温度为 $T_i=50$℃，如果电控柜的周围温度 $T_a=40$℃（max），则必须使柜内温度在 $T_i-T_a=10$℃以下。

（2）周边空间尺寸要求

在40°C以下环境内使用时可以密集安装（0间隔），环境温度若超过40°C，变频器横向周边空间应在1 cm以上，若变频器容量达5.5 kW以上，横向周边空间应在5 cm以上。如图1—6—11所示为变频器安装空间。

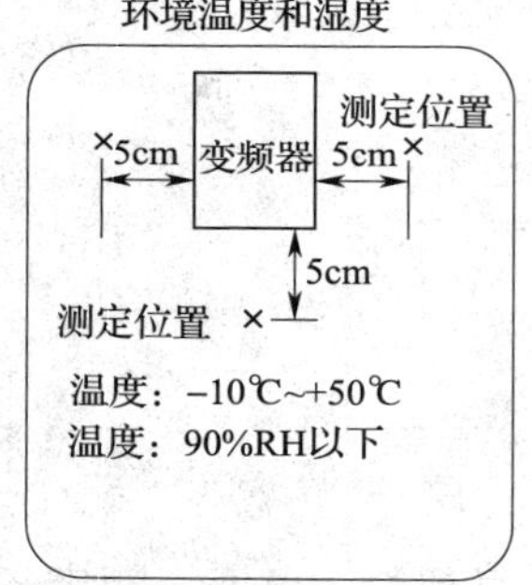

图1—6—10　变频器安装环境要求

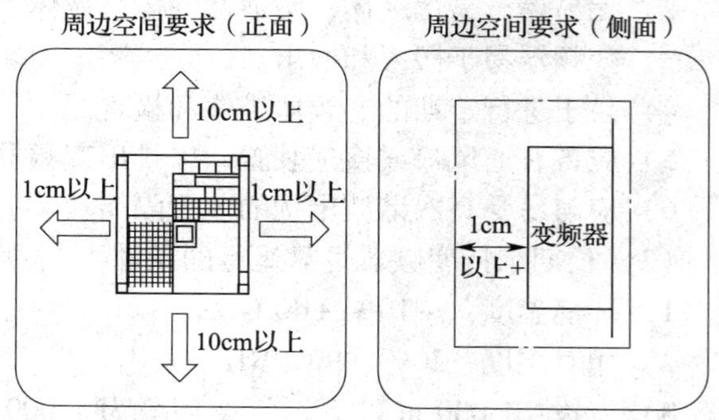

图1—6—11　变频器安装空间

4. 主电路线径的选择

（1）电源与变频器之间的导线

一般来说，电源与变频器之间和同容量普通电动机的电线选择方法相同。考虑到其输入侧的功率因子往往较低，应本着宜大不宜小的原则来决定线径。

（2）变频器与电动机之间的导线

因为频率下降时，电压也要下降，在电流相等的条件下，线路电压降 ΔU 在输出电压中的比例将上升，而电动机得到电压的比例则下降，有可能导致电动机发热。所以，在决定变频器与电动机之间导线的线径时，最关键的因素便是线路电压降 ΔU。一般要求：

$$\Delta U \leqslant (2\% \sim 3\%) U_N \tag{1—6—4}$$

ΔU 的计算公式：

$$\Delta U = \sqrt{3} I_{MN} R_0 l / 1\,000 \tag{1—6—5}$$

式中　I_{MN}——电动机的额定电流，A；

R_0——单位长度（每米）导线的电阻，mΩ/m；

l——导线的长度，m。

常用电动机引出线的单位长度电阻值见表1—6—2。

表1—6—2　　电动机引出线的单位长度电阻值

标称横截面积（mm^2）	1.0	1.5	2.5	4.0	6.0	10.0	16.0	25.0	35.0
R0（mΩ/m）	17.8	11.9	6.92	4.40	2.92	1.73	1.10	0.69	0.49

【例】某电动机的主要额定资料如下：$P_{MN}=30$ kW，$U_{MN}=380$ V，$I_{MN}=57.6$ A，$n_{MN}=1\ 460$ r/min。变频器与电动机之间的距离为40 m，要求在工作频率为40 Hz时，线路电压降不超过2%，则导线该如何选择？

解：由式1—6—4得允许的电压降为：

$$\triangle U \leqslant 0.02 \times 380 \times (40/50) = 6.08\ \text{V}$$

又由式1—6—5得：

$$6.08 \geqslant (\sqrt{3} \times 57.6 \times R_0 \times 40)/1\ 000$$

求得 $R_0 \leqslant 1.52$ mΩ/m，故由表1—6—2可知，应选横截面积为16 mm^2的导线。

5．控制电路的接线

（1）模拟量控制线

模拟量控制线主要包括：

1）输入侧的给定信号线和回馈信号线。

2）输出侧的频率信号线和电流信号线。

模拟量信号的抗干扰能力较低，因此，必须使用屏蔽线。屏蔽层靠近变频器的一端，应接控制电路的公共端（COM），而不要接到变频器的地端（E）或大地，其接法如图1—6—12所示。屏蔽层的另一端应该悬空。布线时还应该遵守以下原则：

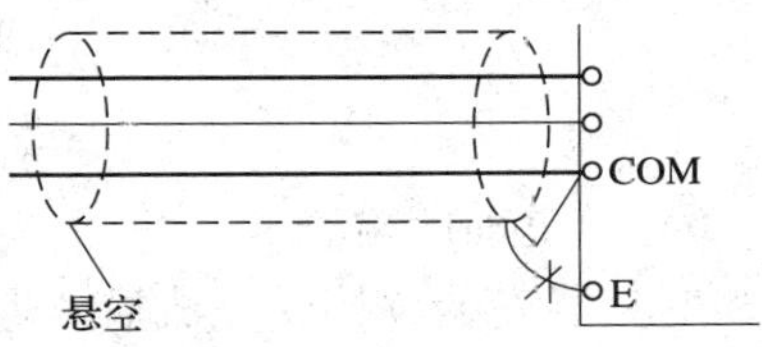

图1—6—12　屏蔽线的接法

①尽量远离主电路100 mm以上。

②尽量不和主电路交叉，如必须交叉时，应采取垂直交叉的方式。

（2）开关量控制线

启动、点动、多挡转速控制等的控制线都是开关量控制线。一般说来，模拟量控制线的接线原则也都适用于开关量控制线，但开关量的抗干扰能力较强，故在距离不远时，允许不使用屏蔽线，但同一信号的两根线必须互相绞在一起。如果操作台离变频器较远，应该先将控制信号转变成能远距离传送的信号，再将能远距离传送的信号转变成变频器所要求的信号。

（3）变频器的接地

从安全及降低噪声的需要出发，为防止漏电和干扰侵入或辐射出去，变频器必须接地。根据电气设备技术标准规定，接地电阻应小于或等于国家标准规定值，且用较粗的短线接到变频器的专用接地端子PE上。当变频器和其他设备，或有多台变频器一起接地时，每台设备应分别和地相接，而不允许将一台设备的接地端和另一台的接地端相接后再接地，如图1—6—13所示。

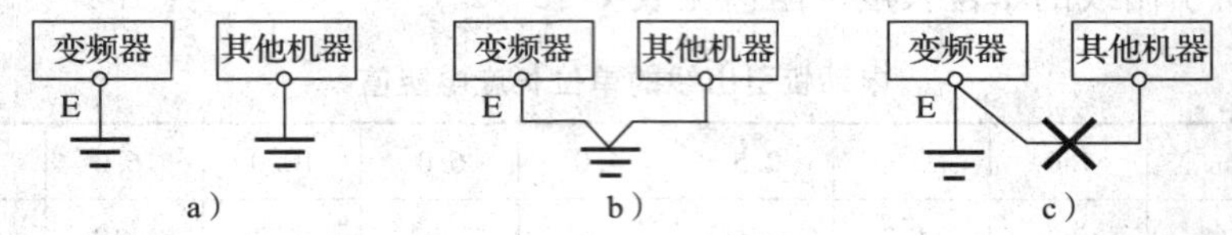

图1—6—13　变频器接地方式

a）专用地线（好）　b）共享地线（正确）　c）共通地线（不正确）

（4）大电感线圈的浪涌电压吸收电路

接触器、电磁继电器的线圈及其他各类电磁铁的线圈都具有很大的电感。在接通和断开的瞬间，由于电流的突变，它们会产生很高的感应电动势，因而在电路内会形成峰值很高的浪涌电压，导致内部控制电路的误动作。所以，在所有电感线圈的两端，必须接入浪涌电压吸收电路，如图1—6—14所示。在大多数情况下，可采用阻容吸收电路，如图1—6—14 a所示；在直流电路的电感线圈中，也可以只用一个二极管，如图1—6—14 b所示。

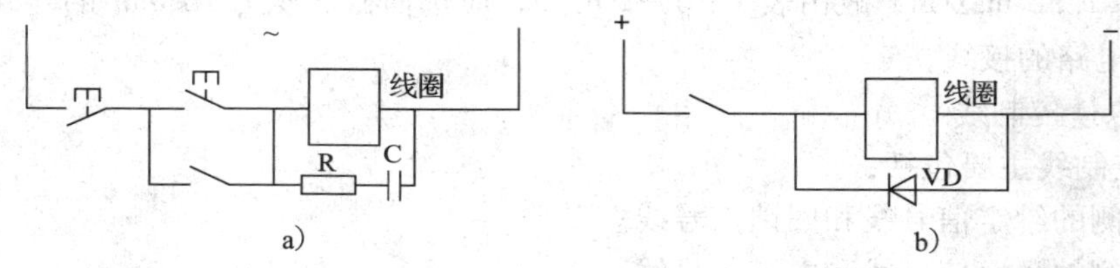

图1—6—14　浪涌电压吸收电路

a）阻容吸收电路　b）直流吸收电路

6. 通电前的检查

变频器安装、接线完成后，通电前应进行下列检查：

（1）外观、构造检查　包括检查变频器的型号是否有误、安装环境有无问题、装置有无脱落或破损、电缆直径和种类是否合适、电气连接有无松动、接线有无错误、接地是否可靠等。

（2）绝缘电阻的检查　测量变频器主电路绝缘电阻时，必须将所有输入端（R、S、T）和输出端（U、V、W）都连接起来后，再用500 V兆欧表测量绝缘电阻，其值应在10 MΩ以上。而控制电路的绝缘电阻应用万用表的高阻挡测量，不能用兆欧表或其他有高电压的仪表测量。

（3）电源电压检查　检查主电路电源电压是否在容许电源电压值以内。

三、变频器的日常维护与检查

变频器是以半导体组件为核心构成的静止装置，会由于温度、湿度、尘埃、振动等使用环境的影响及零部件老化等发生故障。另外，变频器中使用滤波电容器、冷却风扇等消耗性器件，因此，日常检查和定期维护必不可少。使用合理、维护得当可延长变频器的使用寿命，并减少突发故障造成的停产损失。

1．变频器的日常检查

在变频器运行过程中，可以从设备外部目视检查运行状况有无异常。主要检查项目有：

（1）电源电压是否在允许范围内。

（2）冷却系统是否运转正常。

（3）变频器、电动机等是否过热、变色或有异味。

（4）变频器、电动机是否有异常振动和声音。

（5）安装地点的环境有无异常。

2．变频器的定期维护

为了防止出现因元器件老化和异常等造成故障，变频器在使用过程中必须定期进行保养维护，根据需要更换老化的元器件。定期维护应放在暂时停产期间，在变频器停机后进行。主要项目有：

（1）对紧固件进行必要的紧固。

（2）清扫冷却系统积尘。

（3）检查绝缘电阻是否在允许范围内。

（4）检查导体、绝缘物是否有腐蚀、变色或破损。

（5）确认保护电路等的动作，确认各部分的动作波形。

（6）检查冷却风扇、滤波电容器、接触器等的工作情况。

需定期检查更换的元器件及参考检查更换时间见表1—6—3。

表1—6—3　　检查更换时间表

名称	参考更换时间	更换方法
冷却风扇	2~3年	更换为新品
滤波电容	5年	更换为新品
熔断器	10年	更换为新品
印制电路板上的电解电容	5年	更换为新品（检查后决定）

注意使用条件：①周围温度，年平均30℃；②负载率，80%以下；③使用率，12 h/天以下。

3．变频器维护时的注意事项

（1）操作前必须切断电源，且在主电路滤波电容器放电完毕，电源指示灯HL熄灭后再进行作业，以确保操作者的安全。

（2）在出厂前，生产厂家都已对变频器进行了初始设定，一般不能任意改变这些设定。而在改变了初始设定后又希望恢复初始设定值时，一般需进行初始化操作。

（3）在新型变频器的控制电路中使用了许多CMOS芯片，用手指直接触摸电路板将会使这些芯片因静电作用而损坏，因此切忌用手指直接触摸电路板。

（4）在通电状态下不允许进行改变接线或拔插连接件等操作。

（5）在变频器工作过程中不允许对电路信号进行检查。这是因为连接测量仪表时所出现的噪声以及误操作可能会使变频器出现故障。

（6）当变频器发生故障而无故障显示时，不能再轻易通电，以免引起更大的故障。这时应先断电，然后做电阻特性参数测试，初步查找故障原因。

任务实施

一、任务准备

实施本任务所需的实训设备及工具材料见表1—6—4。

表1—6—4　　实训设备及工具材料

序号	分类	名称	型号规格	数量	备注
1	工具	电工常用工具		1	
2	仪表	万用表	型号自定	1	
3	设备器材	变频器	西门子 MM4 系列变频器	1	
		三相笼型异步电动机	5.5 kW	1	
		控制柜	规格自定	1	
		冷却风扇	型号功率自定	1	
		低压断路器	型号容量自定	1	
		交流接触器	型号容量自定	6	
		开关电源	型号自定	1	
		远传压力表	型号自定	1	
		旋钮开关	LAY16	1只	
		端子排	D－15	15节	
		变频器的相关辅助器件	自定	若干	
4	耗材	导线	多种线径	若干	
		线槽	25 mm×35 mm	若干	
		其他附件		若干	

二、变频器恒压供水控制系统的安装

1. 根据设备的控制要求设计电气控制系统图，参考任务5

2. 材料选择

（1）根据系统的控制要求和图样选择变频器、低压断路器、交流接触器、主电路、控制电路的导线、相关辅助器件及耗材。

（2）图样、变频器及相关器件耗材的选择经老师检查认可后，进行安装。安装过程中注意接线工艺和安全文明生产。

3. 变频器的柜内安装

在教师指导下，根据安装要求在控制柜内安装变频器并调试。柜内安装过程中要注意接线工艺和安全文明生产。

4. 通电调试

（1）装接完成后按照变频器通电前的检查要求，认真检查。

（2）经老师检查无误后，进行模拟调试运行。

5. 变频器的日常维护与检查练习

在教师指导下，根据变频器的日常检查、定期维护的要求及注意事项反复进行练习。

任务测评

对任务实施的完成情况进行检查，并将结果填入任务测评表内，见表1—6—5。

表1—6—5　　任务测评表

序号	考核内容	考核要求	评分标准	配分	得分
1	变频器的选择	能根据使用场合，合理选择变频器	（1）根据电动机电流选择变频器，选择不合理扣10分 （2）根据输出电压选择变频器，选择不合理扣10分 （3）根据输出频率选择变频器，选择不合理扣10分	30分	
2	外部设备的选择	能根据变频器的型号及使用场合，合理选择外部设备	（1）外部设备选择不合理，每处扣5分 （2）外部设备选择错误，每处扣10分	20分	
3	变频器的安装	能合理选择主、控电路的线径，并正确安装变频器	（1）主电路线径选择不合理，扣5分 （2）控制电路线径选择不合理，扣5分 （3）变频器安装不合理，每处扣5分 （4）通电前检查方法错误，每处扣5分 （5）接线有违反电工手册相关规定的，每处扣2分	30分	
4	变频器的维护	能进行变频器的日常维护与检查	（1）不能掌握变频器的日常检查内容，每处扣2分 （2）不能掌握变频器的定期维护项目内容，每处扣2分 （3）不清楚变频器维护时的注意事项，每处扣2分	20分	
5	安全文明生产	参照相关的法规，确保人身和设备安全	违反安全文明生产规程，扣5～10分		
备注			合计		
			教师签字：		

思考与练习

1．试简述安装变频器的注意事项。

2．试简述变频器的日常维护项目。

3．试简述变频器的定期维护项目。

4．试简述变频器维护时的注意事项。

5．某机电设备上的电动机的主要额定资料如下：$P_{MN}=7.5$ kW，$U_{MN}=380$ V，$I_{MN}=15$ A，$n_{MN}=2\,900$ r/min。变频器与电动机之间的距离为40 m，要求在工作频率为40 Hz时，线路电压降不超过2%。试选择合适的变频器及相关电器，并选择变频器与电动机之间导线线径。

课题二　数控车床主轴变频调速控制

数控车床在金属切削机床中应用最为广泛，主要用于切削具有旋转表面的工件，如车削工件的外圆、内圆、端面、螺纹等。其中，主轴运动是数控车床的一个重要内容，在机械加工过程中，由于产品工艺的要求，经常对主轴或刀具的旋转提出不同的运行速度要求，这对于提高加工效率，扩大加工材料范围，提升加工质量，降低损耗，减少噪声有着重要的意义。变频器在这些方面有着得天独厚的优势，特别是配合数控系统控制的变频器，能够满足机械加工中的各种要求，实现数控机床高精度的自动加工。

任务1　PLC 与变频器控制电动机正反转

学习目标

1. 掌握 PLC 与变频器之间的连接与控制方式。
2. 掌握 PLC 和变频器组合控制电动机正、反转的控制方法。
3. 能够进行 PLC 与变频器的连接和控制程序的编制。
4. 会根据功能要求设置变频器有关参数。
5. 能独立完成 PLC 与变频器联机控制系统的安装与调试。

任务引入

PLC 作为传统继电器的替代产品，广泛应用于工业控制的各个领域。尤其在自动控制系统中，很多情况下是采用 PLC 和变频器相配合使用。由 PLC 提供控制信号或通断指令来控制变频器的运转以及高低频率的输出，达到控制生产、提高产品质量的目的。例如，现在数控车床的主轴控制是由数控装置发出控制信号控制变频器来实现主轴电动机的正反转控制与调速控制。为了更好地学习变频器在数控机床中的应用，更好地完成任务 3，本节任务将利用西门子 S7－200 可编程控制器（PLC）控制变频器，实现电动机的正、反转控制和利用外接电位器实现 0～10 V 模拟量调速。PLC 控制变频器原理如图 2—1—1 所示。

相关知识

PLC 与变频器连接

PLC 与变频器的连接有三种方式，一是利用 PLC 的开关量输入/输出模块控制变频器；二是利用 PLC 模拟量输出模块控制变频器；三是利用 PLC 通信端口控制变频器。

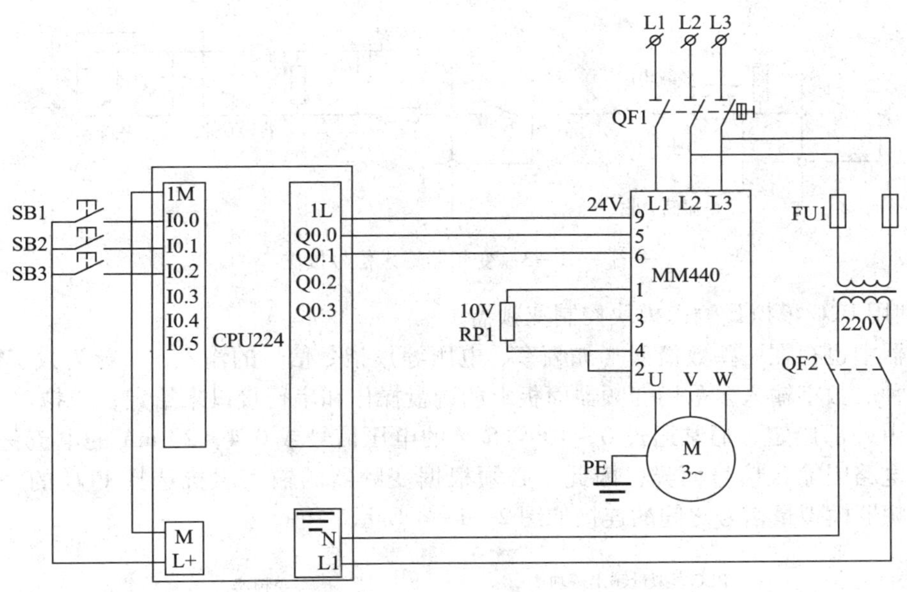

图 2—1—1 PLC 控制变频器原理

1. 利用 PLC 的开关量输入/输出模块控制变频器

变频器的输入信号包括对运行/停止、正转/反转、微动等运行状态进行操作的开关型指令信号。变频器通常利用继电器接点或具有继电器接点开关特性的元器件（如晶体管）与 PLC 相连，得到运行状态指令。PLC 的开关量信号与变频器连接如图 2—1—2 所示。

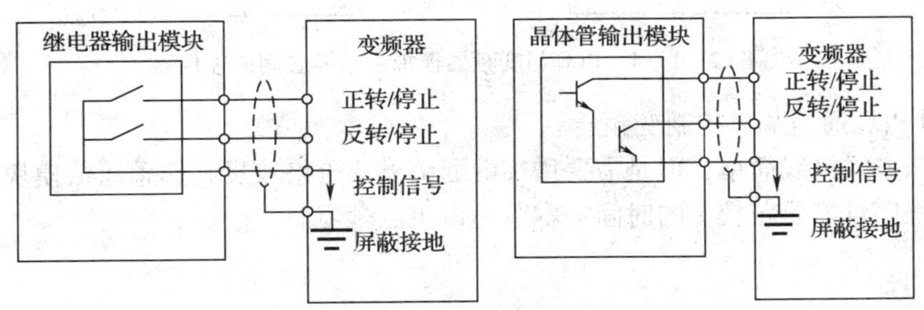

图 2—1—2 PLC 的开关量信号与变频器连接

提示

在使用继电器接点时，常常因为接触不良而带来误动作；使用晶体管进行连接时，则需考虑晶体管本身的电压、电流容量等因素，保证系统的可靠性。

当输入开关信号进入变频器时，有时会发生外部电源和变频器控制电源（DC24 V）之间的串扰。正确的连接是利用 PLC 电源，将外部晶体管的集电极经过二极管接到 PLC。变频器输入信号接法如图 2—1—3 所示。

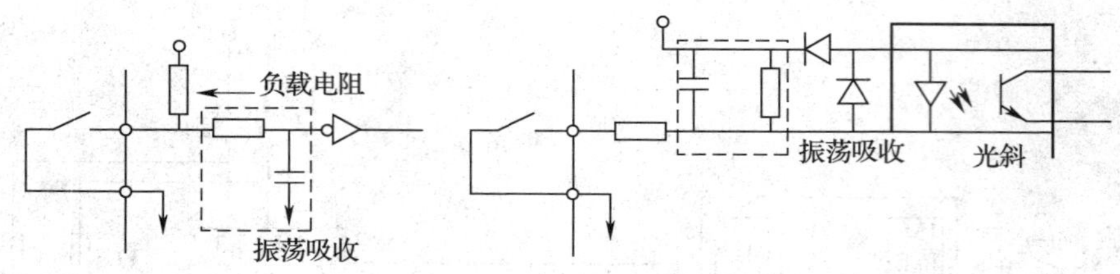

图 2—1—3　变频器输入信号接法

2. 利用 PLC 模拟量输出模块控制变频器

变频器中也存在一些数值型（如频率、电压等）指令信号的输入，可分为数字输入和模拟输入两种。数字输入多采用变频器面板上的键盘操作和串行接口来给定；模拟输入则通过接线端子由外部给定，通常通过 0 ~ 10 V/5 V 的电压信号或 0/4 ~ 20 mA 的电流信号输入。由于接口电路因输入信号而异，因此，必须根据变频器的输入阻抗选择 PLC 的输出模块。PLC 与变频器模拟量信号之间的连接如图 2—1—4 所示。

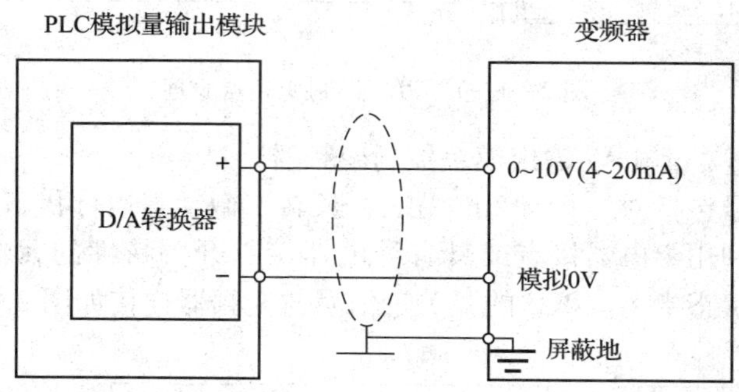

图 2—1—4　PLC 与变频器模拟量信号之间的连接

3. 利用 PLC 通信端口控制变频器

通信控制方式接线简单，但是需要增加的通信模块价格较贵，熟悉通信模块的使用方法和设计通信程序可能要花较多的时间，本节不做重点学习。

提示

PLC 和变频器连接应用时，由于二者涉及用弱电控制强电，连接时应该注意以下几点。

（1）对 PLC 本身应按规定的接线标准和接地条件进行接地，而且应注意避免和变频器使用共同的接地线，且在接地时使二者尽可能分开。

（2）当电源条件不太好时，应在 PLC 的电源模块及输入/输出模块的电源线上接入噪声滤波器和降低噪声用的变压器等，另外，如有必要，在变频器一侧也应采取相应的措施。

（3）当把变频器和 PLC 安装于同一操作柜中时，应尽可能使变频器和 PLC 有关的配线分开。

（4）通过使用屏蔽线和双绞线达到提高噪声干扰的水平。

任务实施

一、任务准备

实施本任务所需的实训设备及工具材料见表2—1—1。

表2—1—1　　实训设备及工具材料

序号	分类	名称	型号规格	数量	备注
1	工具	电工常用工具	型号自定	1	
2	仪表	万用表、测速仪	型号自定	1	
3	设备器材	编程计算机（带西门子编程软件）		1	
		西门子MM440系列变频器		1	
		西门子S7－200系列PLC		1	
		MM440系列使用说明书		1	
		三相异步电动机		1	
		低压断路器DZ47－60/3P D16		1	
		低压断路器DZ47－60/2P D6		1	
		控制变压器380 V/220 V		1	
		电位器5 kΩ		1	
		按钮LA19－11		3	
		连接导线		若干	

二、分配PLC输入与输出地址（I/O）

根据控制要求分析，首先确定I/O的个数，进行I/O的分配。本例需要3个输入点，2个输出点，见表2—1—2。

表2—1—2　　输入/输出地址分配表

输入信号			输出信号	
名称	元件代号	地址	名称	地址
变频器正转启动按钮	SB1	I0.0	正向运行/停止	Q0.0，连接变频器端口5
变频器反转启动按钮	SB2	I0.1	反向运行/停止	Q0.1，连接变频器端口6
停止按钮	SB3	I0.2		

三、设计原理图，并按图接线

根据控制要求分析PLC输入/输出信号地址分配表，设计并绘制如图2—1—1所示的PLC控制变频器原理图，并按图所示进行线路连接。

提示

1. 设计的电路原理图应具备完善的保护功能，绘制原理图要完整规范。

2. PLC 输出可直接与变频器的控制端口连接，也可以驱动外部微型继电器（如 HH53P），再通过微型继电器的触点来控制变频器的控制端口。

3. 变频器电源输入端采用无熔丝的自动断路器，电动机侧也不需要安装接触器和热继电器。

四、PLC 程序设计

提示

1. 程序设计简洁、易读、符合控制要求。

2. 程序中注意 Q0.0 和 Q0.1 的软件互锁。

电动机正反转控制线路的梯形图程序如图 2—1—5 所示。

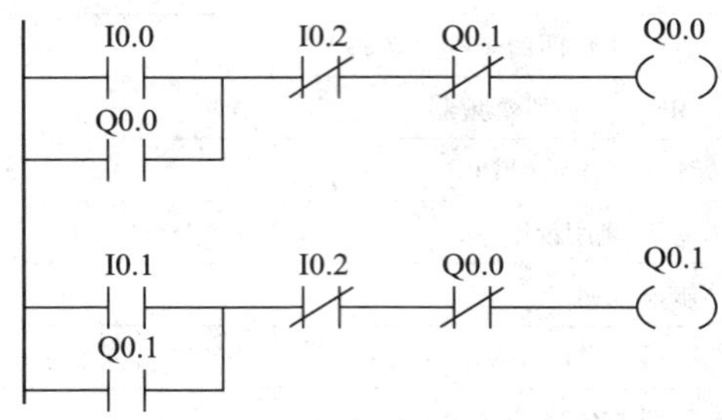

图 2—1—5　电动机正反转控制线路的梯形图程序

五、变频器参数设置

变频器参数设置，见表 2—1—3。采用外部运行模式，运行频率由端子 3 和端子 4 之间的调节器来调节。

提示

1. 恢复变频器工厂默认值。设定 P0010 = 30 和 P0970 = 1，按下 P 键，开始复位，复位过程大约为 10 s，这样就保证了变频器的参数恢复到工厂默认值。

2. 设置电动机参数。电动机参数设置完成后，设 P0010 = 0，变频器当前处于准备状态，可正常运行。

表 2—1—3　　变频器参数设置

参数号	出厂值	设置值	说明
P0003	1	1	设用户访问级为扩展级
P0700	2	2	端子排输入
P0701	1	1	ON 接通正转，OFF 停止
P0702	1	2	ON 接通反转，OFF 停止
P1000	2	2	频率设定值选择为模拟输入
P1080	0	0	电动机运行最低频率
P1082	50	50	电动机运行最高频率

续表

参数号	出厂值	设置值	说明
P1120	10	3	斜坡上升时间
P1121	10	3	斜坡下降时间

六、联机调试

控制程序编译成功后，将程序下载到 PLC 主机，联机调试步骤如下：

1. 合上低压断路器 QF，按下 SB1 按钮，PLC 输出继电器 Q0.0 为“ON”，变频器正转接通。

2. 旋转电位器，将运行频率调节至 40 Hz，用转速表测试电动机的正向转速。

3. 按下 SB3 按钮，PLC 输出继电器 Q0.0 为“OFF”，变频器正转停止。

4. 按下 SB2 按钮，PLC 输出继电器 Q0.1 为“ON”，变频器反转接通。

5. 旋转电位器，将运行频率调节至 40 Hz，用转速表测试电动机的反向转速。

6. 按下 SB3 按钮，PLC 输出继电器 Q0.1 为“OFF”，变频器反转停止。

7. 调试完毕，变频器断电，断开低压断路器 QF，收拾工具，清扫场地。

任务测评

完成任务后先按照表 2—1—4 进行自我检查，再由指导教师评价审核。

表 2—1—4　　任务测评表

序号	项目内容	考核要点	评分标准	配分	得分
1	设计原理图	（1）规范设计原理图 （2）正确绘图并保持图面清洁	电路图不规范或不清洁，每处扣 1 分	10	
2	元器件选择	（1）正确选择元器件的型号 （2）检查元器件的好坏	（1）元器件型号选择不合理，每处扣 5 分 （2）未检查元器件好坏，每处扣 5 分	20	
3	接线	（1）正确使用工具和仪表 （2）按照电路图正确接线	（1）接线不规范，每处扣 5 分 （2）接线错误，扣 15 分 （3）工具和仪表使用不规范，每处扣 2 分	15	
4	参数设置	能根据任务要求正确设置变频器参数	（1）参数设置不全，每处扣 5 分 （2）参数设置错误，每处扣 5 分	15	
5	设计 PLC 程序	（1）能熟练使用编程软件 （2）能正确设计 PLC 程序及下载	（1）编程软件使用不熟练，扣 5 分 （2）不能设计程序，扣 10 分 （3）部分功能不能实现，每处扣 5 分	15	

续表

序号	项目内容	考核要点	评分标准	配分	得分
6	操作调试	正确操作调试	（1）变频器操作错误，每处扣5分 （2）调试失败，扣15分	15	
7	安全文明生产	遵守安全文明生产规定，如出现设备损坏、人身事故视为不合格	违反安全文明生产规程，扣5~10分	10	
备注			合计		
			教师签字：		

思考与练习

1．PLC与变频器连接方式有几种？

2．用变频器控制一台升降机，要求具有正反转指示，正转运行频率40 Hz，反转运行频率25 Hz。试用PLC与变频器联合控制，画出接线图，设置相关参数，编写程序，并进行调试。

任务2　变频器的制动、保护和显示控制电路

学习目标

1．理解变频器的制动方式及原理。

2．理解变频器的保护与显示功能。

3．掌握变频器多功能端子的功能及使用。

任务引入

变频器作为电气自动化控制系统中的一个重要的控制单元，它不仅具有基本的控制功能，还具有完善的制动、保护和显示功能。这些功能在自动化程度较高的电气控制系统中显得尤为重要。本任务将完成如图2—2—1所示的电路安装与调试，为完成任务3奠定基础。

变频器的制动、保护和显示电路在变频器端子B+与B-之间外接制动电阻，多功能输出端子外接控制电路，实现了变频器的故障电源控制。模拟量输出端口1外接电压表，监视变频器运行时的模拟量输出端口12、端口13输出的电压值。

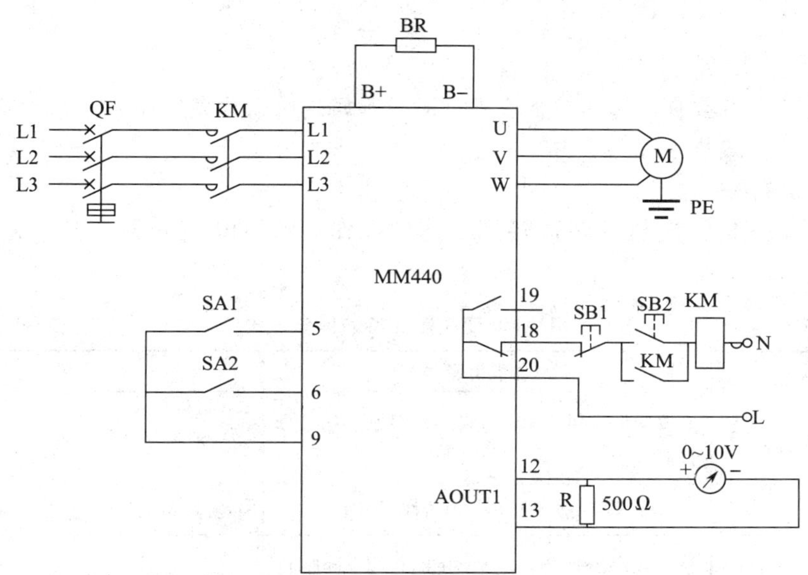

图 2—2—1　变频器的制动、保护和显示控制电路

相关知识

一、变频器的制动方式及原理

在电网—变频器—电动机—负载构成的驱动系统中，当电机处于电动机工作状态时，电能从电网经由变频器传递到电机，转化为机械能驱动负载，负载因此具有动能或势能；当负载释放这些能量以求改变运动状态时，电动机反被负载带动，进入发电机工作状态，将机械能转化为电能反馈给前级变频器。这些能量可以通过变频器反馈回电网，或者消耗在变频器直流母线上的制动电阻中，以满足变频器调速系统性能的平稳减速、停车等制动的要求。因此，必须合理选择变频器的减速时间和停车制动方式。

1．变频器的减速特性

（1）减速时间　变频器输出频率从基本频率 f_b 下降至 0 Hz 所需要的时间，称为减速时间，或者变频器输出频率从最高频率 f_{max} 下降至 0 Hz 所需要的时间。

（2）减速方式　变频器的减速方式主要有线性减速和 S 型减速方式等，如图 2—2—2 所示。

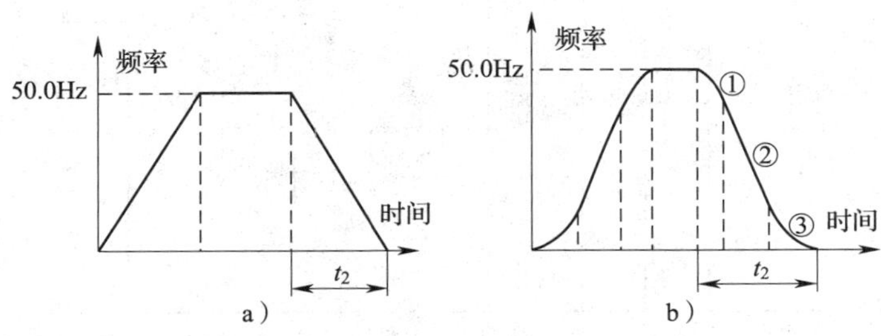

图 2—2—2　变频器的减速方式

a）线性减速方式　b）S 型减速方式

提示

一般情况下，多数负载选用线性方式；对于加减速时需要减缓噪声与振动、减少其他冲击的负载选用 S 型减速方式。

2. 变频器的停车方式

变频器停车是指将电机的转速降到零速的操作。MM440 变频器支持的停车方式见表 2—2—1。

表 2—2—1　　MM440 变频器支持的停车方式

制动方式	功能解释	应用场合
OFF1	变频器按照 P1121 所设定的斜坡下降时间控制	一般场合
OFF2	变频器封锁脉冲输出，电机惯性停车	设备需要急停，配合机械抱闸
OFF3	变频器按照 P1135 所设定的斜坡下降时间控制	设备需要快速停车

3. 变频器制动方式

常用的变频器制动方式有能耗制动、回馈制动、直流制动三种。

（1）能耗制动　电动机在减速和停机过程中产生的再生电能通过变频器直流回路中的制动电阻和制动单元进行消耗，实现变频器的快速停车，该制动方式称为能耗制动，如图 2—2—3 所示为小功率变频器内置制动电路的工作原理。其电路主要由制动用开关管 VTB、电压取样和比较电路、驱动电路、二极管 VD 和制动电阻 RB 等组成。当电动机在工作频率下降过程中，将处于再生制动状态，拖动系统的动能要反馈到直流电路中，使直流侧电压升高。通过取样电路得到的取样电压与基准电压进行比较，当电压值超过设定值时，发出制动

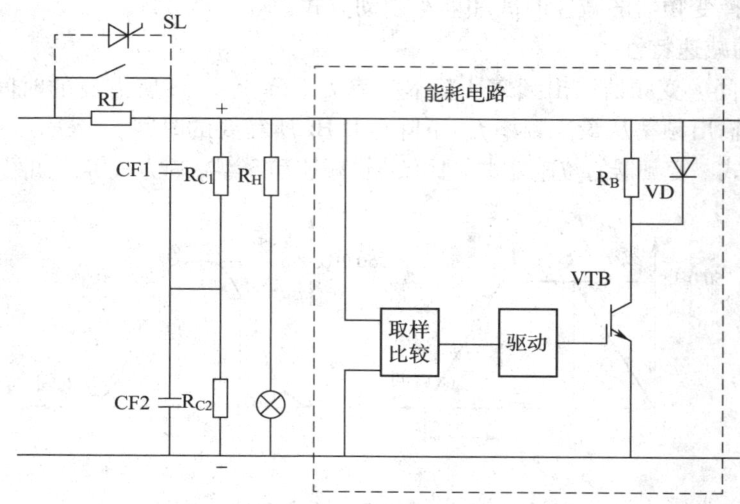

图 2—2—3　小功率变频器内置制动电路的工作原理

的信号，用来控制驱动电路从而控制 VTB 开关管的导通，将电阻 RB 与电容 CF1 和 CF2 并联起来，使存储在电容中的回馈能量经 RB 消耗掉，使直流电压下降，同时，电动机上产生相应的附加制动转矩。当直流电压下降到下限值时，又自动关断开关管 VTB，制动停止。

提示

一般在通用变频器中，小功率变频器（22 kW 以下）内置了制动单元和制动电阻，也可以根据实际外加制动电阻；大功率变频器（22 kW 以上）将制动单元和制动电阻作为选配件，用户应根据负载运行情况选配制动单元和制动电阻。

（2）回馈制动　回馈制动是指变频器专门加设回馈制动单元，当电动机处于再生制动时，将再生电能逆变为与电网同频率同相位的交流电回送电网，从而实现制动。这种制动方式多用于大中功率电动机、卷扬机、起重机等机械设备的制动，不但节省了能源，还增大了制动转矩。

（3）直流制动　直流制动是指当变频器输出频率接近为零，电动机转速降低到一定数值时，由变频器向异步电动机定子绕组中通入直流电，形成静止磁场。转动着的转子切割该静止磁场而产生制动转矩，使电动机迅速停止。直流制动主要用于要求准确停车与防止启动前电动机由于外界因素引起的不规则旋转（风机类负载）。

通用变频器中对直流制动功能的控制，主要是通过设定直流制动起始频率 f_{DB}、直流制动电压 U_{DB}和直流制动动作时间 t_{DB}来实现。直流制动时序如图 2—2—4 所示。

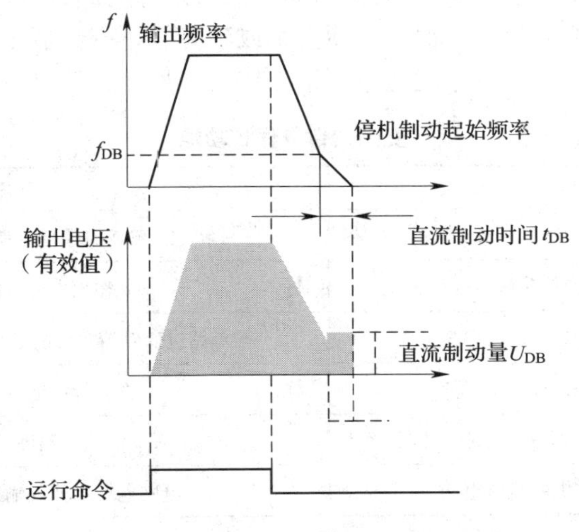

图 2—2—4　直流制动时序

提示

直流制动的三要素

①直流制动电压值，实质是在设定制动转矩的大小，显然拖动系统惯性越大，直流制动电压值相应大些，一般直流电压设定范围为 0 ~ 15% 变频器额定输出电压；②直流制动时间，是向定子绕组通入直流电流的时间，它应比实际需要的停机时间略长一些；③直流制动起始

频率，变频器接到停机命令后，按照设定减速时间降低输出频率，当到达停机制动的起始频率 f_{DB} 时，开始由能耗制动转为直流制动，通常情况下直流制动起始频率尽可能设定得小一些，一般设定范围是 0 ~ 15 Hz。

例如，MM440 变频器支持以下两种制动方式，可以实现电机快速制动，见表 2—2—2。

表 2—2—2　　MM440 变频器制动方式

制动方式	功能解释	相关参数
直流制动	变频器向电动机定子注入直流电	P1230 = 1 使能直流制动 P1232 = 直流制动强度 P1233 = 直流制动时间 1234 = 直流制动起始频率
能耗制动	变频器通过制动单元和制动电阻，将电动机回馈的能量以热能的形式消耗掉	P1237 = 1 ~ 5，能耗制动的工作停止周期 P1240 = 0，禁止直流电压控制

二、变频器的保护功能

变频器具有各种保护功能，大致分为变频器自身的保护和电动机过载保护。除此之外，变频器还具有报警功能，通过显示报警故障代码，以便清楚地查看发生的故障类型。

1．变频器自身的保护功能

由于变频器大量使用了各种半导体器件，要想保证变频器长期稳定工作，则必须保证各器件工作在其允许条件下。超出条件则必须立刻或延时停止变频器工作，并发出报警信号甚至跳闸断电，待异常条件消失后才能重新开始工作，常见变频器自身保护功能见表 2—2—3。

表 2—2—3　　变频器自身保护功能

保护类型		原因
缺相	输入缺相	输入电压值相差超过允许值
	输出缺相	输出电流三相不平衡
过流	加速/减速/恒速	超过变频器允许的最大电流（2 倍额定）
过压	加速/减速/恒速	直流母线电压超过允许值
过热	整流模块/逆变模块	散热器温度超过允许值
欠压	主电路直流电压	电网电压过低或输入三相电源缺相

2．电动机过载保护功能

过载保护功能主要是保护电动机，当电动机负载过重，使电动机运行电流超过额定值，并导致温升也超过了额定值。在变频器中能准确地检测出电流值，并通过精密计算来实现反时限的保护功能，大大提高了保护的可靠性和准确性。由于它能实现和热继电器类似的保护功能，故称为电子热保护器。

例如，MM440 变频器的电动机过载因子是通过参数号 P0640 来设定，见表 2—2—4。该参数的设定范围为 10% ~400%。在恒转矩方式下，该参数设置为 150%；在变转矩方式下，该参数设置为110%。

表2—3—4　　电动机过载保护参数表

参数号	参数描述	推荐设置
P0640［0］	电动机过载因子 以电动机额定电流的百分比来限制电动机的过载电流	150

三、变频器的显示功能

变频器具有强大的显示功能，虽然不同的变频器显示功能有所不同，但归纳起来为以下三种：一是发光二极管显示；二是数据显示屏显示；三是外接仪表和指示灯显示。

1. 发光二极管显示

变频器配置发光二极管主要用作状态显示和单位显示。

（1）状态显示　显示变频器当前的工作状态，如FWD（正转）、REV（反转）、ALM（报警）、MON（监视模式）等。

（2）单位显示　显示变频器当前显示屏上参数所对应的单位，如Hz、A、V等。

2. 数据显示屏显示

每个变频器的操作面板上都带有LED显示屏或LCD显示屏。显示屏有单行和多行之分，显示的内容也会随变频器状态的不同而不同。

（1）运行数据显示　当变频器处于运行状态时，显示变频器的各种运行数据，如频率、电流、电压、转速等，这些参数的显示可以通过参数设定和切换来实现不同的显示要求。例如，西门子MM440变频器在运行过程中，在显示任何一个参数时，可按下功能键Fn并保持2 s，将显示以下参数值：1）直流回路电压（用d表示，单位V）；2）输出电流（A）；3）输出频率（Hz）；4）输出电压（用O表示，单位V）；5）由P0005选定的数值。多次按下此键，将轮流显示以上参数。

西门子MM440变频器显示参数的设定见表2—2—5。

表2—2—5　　MM440变频器显示参数

P0005［3］	显示选择				最小值：2	访问级：
	CStat：	CUT	数据类型：U16	单位：–	缺省值：21	2
	参数组：	功能	使能有效：确认	快速调试：否 –	最大值：4 000	

选择参数r0000（驱动装置的显示）要显示的参量。

下标：

P0005［0］：第1驱动数据组（DDS – 驱动装置数据组）

P0005［1］：第2驱动数据组（DDS）

P0005［2］：第3驱动数据组（DDS）

设定值：

21　实际频率

25　输出电压

26　直流回路电压

27　输出电流

序号	参数名称
r0020	CO：RFG前（实际输出）的频率设定值
r0021	CO：经滤波的实际频率
r0024	CO：经滤波的实际输出频率
r0025	CO：经滤波的实际输出电压
r0026	CO：经滤波的实际直流回路电压
r0027	CO：经滤波的实际输出电流

续表

提示：	
	以上这些设定值（21，25…等）指的是只读参数（“r××××，例如，r0021，r0025…”）。
详细资料：	
	请参看相应的“r××××”参数的说明。

P0006	显示方式				最小值：0	访问级：
	CStat：	CUT	数据类型：U16	单位：-	缺省值：2	3
	参数组：	功能	使能有效：确认	快速调试：否 -	最大值：4	

定义 r0000 的显示方式（驱动装置的显示）。

可能的设定值：

在“运行准备”状态下，交替显示频率的设定值和输出频率的实际值。在“运行”状态下，只显示输出频率。

1 在“运行准备”状态下，显示频率的设定值：在“运行”状态下，显示输出频率。

2 在“运行准备”状态下，交替显示 P0005 的值和 r0020 的值。在“运行”状态下，只显示 P0005 的值。

3 在“运行准备”状态下，交替显示 r0002 值和 r0020 的值。在“运行”状态下，只显示 r0002 的值。

4 在任何情况下都显示 P0005 的值。

说明：

变频器不运行时，交替显示“不运行”（Not Running）和“运行”（Running）时的参数值。

缺省状态下，交替显示“频率设定值”和“频率实际值”。

（2）功能代码显示　当变频器处于编辑状态时，显示屏主要显示变频器各个功能参数代码及设定值，此时可以根据需要对参数进行修改。

（3）故障原因代码显示　当变频器发生故障而跳闸后，显示屏显示故障原因代码。故障显示分两种显示方法：一种是用缩写的英文字母表示；另一种用代码表示，见表 2—2—6。

表 2—2—6　　变频器故障显示方法

变频器品牌	故障显示	故障解释	故障表示法	备注
三菱变频器	E. 0C1	加速过电流	缩写的英文字母表示法	变频器出现故障显示后，必须查看变频器资料，以便了解出现的故障
	E. 0V1	加速过电压		
	E. THM	电动机过负荷		
西门子变频器	F001	过电流	代码表示法	
	F002	过电压		
	F003	欠电压		
	F004	变频器过热		

3．外接指示灯和仪表显示

（1）外接指示灯显示　变频器的多功能开关量输出端口数量并不多，但是其代表功能却很多，应用时应根据变频器使用手册来设定需要的输出功能。多功能开关量输出端口主要用作变频器报警、预告警和各种运行状态显示。如果在多功能开关量输出端口外接指示灯，可通过端子的功能参数预置来显示变频器的运行状态或故障状态。

西门子 MM440 变频器继电器输出端口如图 2—2—5 所示。三个继电器输出端口对应的参数见表 2—2—7。

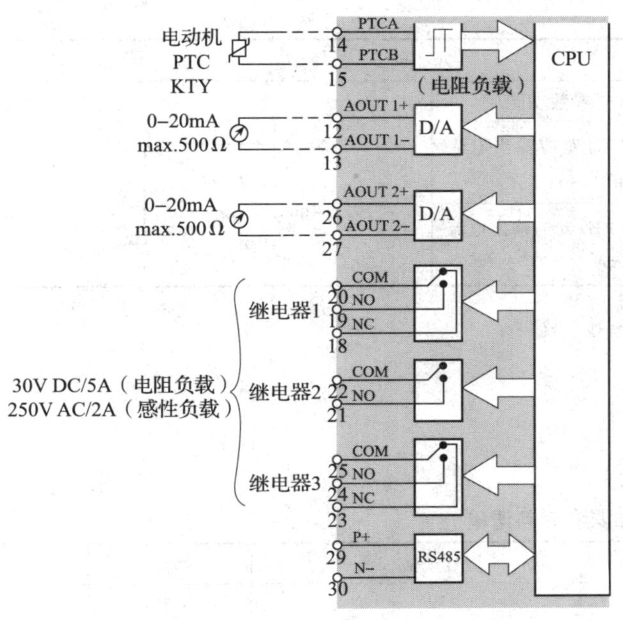

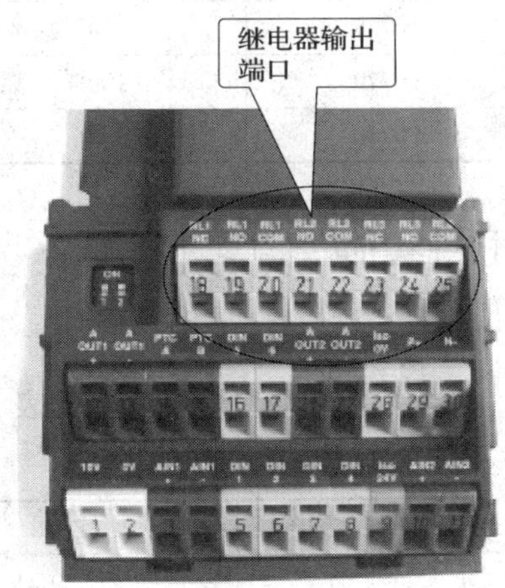

图 2—2—5　MM440 变频器继电器输出端口

表 2—2—7　　继电器输出端口对应的参数

继电器编号	对应参数	默认值	功能解释	输出状态
继电器 1	P0731	=52.3	故障监控	继电器失电
继电器 2	P0732	=52.7	报警监控	继电器得电
继电器 3	P0733	=52.2	变频器运行中	继电器得电

（2）外接仪表显示　大部分变频器的输出端口都有模拟量端口和脉冲输出端口，其输出端口的电压、电流和脉冲信号都与变频器的输出频率成比例。模拟量端口主要是外接测量仪表，可以测量并显示变频器的运行数据（如输出电流、输出电压和电动机转速）；脉冲输出端口主要是外接频率计，用来显示运行频率等。

西门子 MM440 变频器有两路模拟量输出，相关参数以 in000 和 in001 区分，出厂值为 0～20 mA输出，可以标定为 4～20 mA 输出（P0778 =4），如果需要电压信号，可以在相应端子并联一只 500 Ω 电阻。需要输出的物理量可以通过 P0771 设置，见表 2—2—8。

表 2—2—8　　MM440 变频器模拟量输出对应参数

参数号码	设定值	参数功能	说明
P0771	=21	实际频率	模拟输出信号与所设置的物理量呈线性关系
	=25	输出电压	
	=26	直流电压	
	=27	输出电流	

续表

输出信号标定为 0～50 Hz 输出 4～20 mA			
参数号码	设定值	参数功能	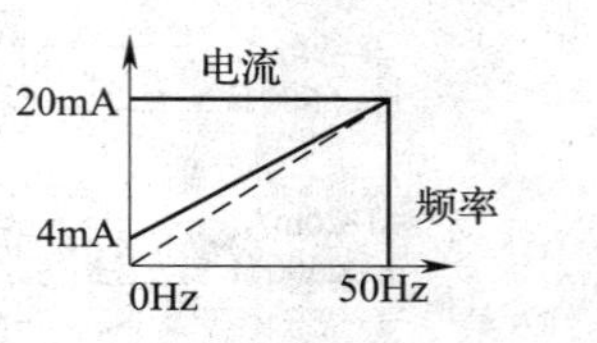
P0777	0%	0 Hz 对应输出电流 4 mA	
P0778	4		
P0779	100%	50 Hz 对应输出电流 20 mA	
P0780	20		

任务实施

一、任务准备

常用的工具和材料清单见表 2—2—9。

表 2—2—9　工具和材料清单

序号	分类	名称	型号规格	数量	备注
1	工具	电工工具		1 套	
2	器材	万用表	MF47 型或自定	1 块	
3		变频器	MM4 402.2 kW	1 台	
4		配电盘	500 mm×600 mm	1 块	
5		导轨	C45	0.3 m	
6		自动断路器	DZ47－63/3PD20	1 只	
7		三相异步电动机	型号自定	1 台	
8		接触器	CJX2－1210 线圈电压 220 V	1 只	
9		按钮	LA18	2 只	
10		端子排	D－10	1 根（10 节）	
11		铜塑线	BVR/2.5 mm^2；0.75 mm^2	各 5 m	
12		紧固件	螺钉（型号自定）	若干	
13		线槽	25 mm×35 mm	若干	
14		号码管		若干	
15		指示灯	220 V	1 只	
16		电流表和电压表	85C1 型电压表 10 V	各一只	
17		电阻器	160 Ω，200 W；500 Ω，1/4 W	各一只	

二、绘制变频器电路原理图，并按图接线

参考图 2—2—1 绘制电路图，并进行安装与接线。

三、变频器参数设置

操作提示

接通电源后，先恢复变频器出厂默认值，再设定电动机参数。

1. 停车制动参数的设置见表 2—2—10。

表 2—2—10　　停车制动参数表

参数号	出厂值	设置值	说明
P0003	1	2	设用户访问级为标准级
P0010	0	0	正确地进行运行命令的初始化
P0700	2	2	命令源选择由端子排输入
P0701	1	1	ON 接通正转，OFF 停止
P0702	1	2	ON 接通反转，OFF 停止
P1000	2	1	频率设定值由键盘输入
P1080	0	0	电动机运行的最低频率（Hz）
P1082	50	50	电动机运行的最高频率（Hz）
P1040	5	40	设定键盘控制频率值
P1120	10	2	加速时间设定（此参数的设定可根据实际负载）
P1121	10	2	减速时间设定（此参数的设定可根据实际负载）
P0640	100%	150%	电动机过载因子的设定

操作提示

当直流制动和 OFF1 同时投入时，设置的参数：P1230 为投入使能；P1232 确认制动电流的百分比，以 P0305 来确认；P1233 为直流制动的投入时间；P1234 直流制动的投入频率。

2. 模拟量输出端口与多功能输出端口参数设置，见表 2—2—11。

表 2—2—11　　模拟量输出端口与多功能输出端口的参数

参数号	出厂值	设定值	说明
P0771	21.0	21.0	模拟量输出端口 1，显示电压
P0731	52.3	52.7	多功能输出端口 1 为故障报警

四、变频器操作运行

1. 电动机正向运行与停止。当合上开关 SA1 时，变频器数字输入端口 5 为 ON，电动机按照 P1120 设定 2 s 斜坡上升时间正向启动，然后经过 2 s 后稳定运行到 P1040 设定的 40 Hz 频率。此时，电压表显示电压值为 10 V。当开关 SA1 断开，电动机按照 P1121 设定 2 s 斜坡下降时间快速停车。

2. 电动机反向运行与停止。当合上开关 SA2 时，变频器数字输入端口 6 为 ON，电动机按照 P1120 设定 2 s 斜坡上升时间正向启动，然后经过 2 s 后稳定运行到 P1040 设定的 40 Hz 频率。此时，电压表显示电压值为 10 V。当开关 SA2 断开，电动机按照 P1121 设定 2 s 斜坡下降时间快速停车。

3. 当变频器出现故障时，继电器 1 就会动作，KM 接触器断电，切断电源控制。

4. 训练完毕，切断电源，清理现场。

任务测评

完成任务后先按照表 2—2—12 进行自我检查，再由指导教师评价审核。

表 2—2—12　　任务测评表

序号	项目内容	考核要求	评分标准	配分	得分
1	设计原理图	（1）规范设计原理图 （2）正确绘图并保持图面清洁	电路图不规范或不清洁，每处扣1分	10	
2	元器件选择	（1）正确选择元器件的型号 （2）检查元器件的好坏	（1）元器件型号选择不合理，每处扣5分 （2）未检查元器件好坏，每处扣5分	20	
3	接线	（1）正确使用工具和仪表 （2）按照电路图正确接线	（1）接线不规范，每处扣5分 （2）接线错误，扣20分 （3）工具和仪表使用不规范，每处扣2分	20	
4	参数设置	能根据任务要求正确设置变频器参数	（1）参数设置不全，每处扣5分 （2）参数设置错误，每处扣5分	20	
5	操作调试	正确操作调试	（1）变频器操作错误，每处扣5分 （2）调试失败，扣20分	20	
6	安全文明生产	遵守安全文明生产规定，如出现设备损坏、人身事故视为不合格	违反安全文明生产规程，扣5～10分	10	
备注			合计		
			教师签字：		

思考与练习

1. 简述变频器的制动方式及原理。
2. 西门子 MM440 变频器实现直流制动应设置哪些参数？
3. 简述通用变频器一般都具备哪些保护功能？

任务3　数控车床主轴变频调试控制

学习目标

1. 了解数控车床的电气组成。
2. 掌握数控装置与主轴相关的接口及定义。

3. 能够正确绘制数控车床变频主轴控制线路图。
4. 会根据功能要求设置变频器有关参数。
5. 能独立完成数控车床变频主轴控制线路的安装与调试。

任务引入

数控机床的主轴驱动系统是大功率执行机构，其主轴主运动通常是主轴的旋转运动，通过主轴的回转与进给轴的进给，实现刀具与工件快速的相对切削运动。它的性能直接决定了加工工件的表面质量。目前，大部分的数控车床均采用变频主轴，即数控系统模拟量输出+变频器+感应（异步）电动机的形式，如图 2—3—1 所示。本任务完成如图 2—3—2 所示的数控车床的变频主轴控制线路的安装与调试。

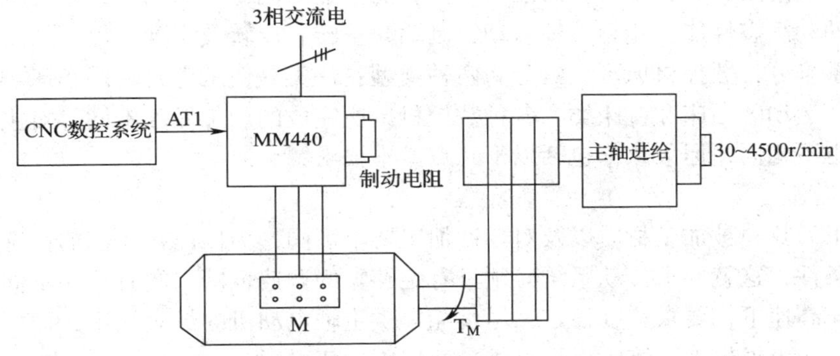

图 2—3—1　数控车床主轴电气组成形式

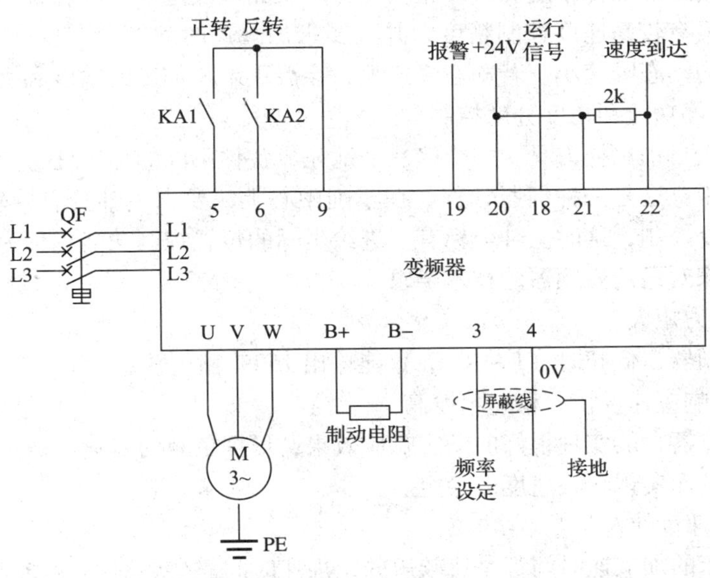

图 2—3—2　数控车床的变频主轴控制线路图

相关知识

数控机床是集机械、电气、液压、气动、微电子和信息等多项技术为一体的机电一体化产品，在现代机床生产中，由于机床加工范围较广，不同的工件，不同的工序，使用不同的刀具，要求机床执行部件具有不同的运动速度，因此，机床的主运动应能进行调速，主轴调速系统一般采用交流主轴系统，随着变频调速技术的发展，数控机床主轴的交流拖动同样能够很好地满足需要。主驱动电机通过带传动带动主轴旋转，或通过带传动和主轴箱内的减速齿轮（以获得更大的转矩）带动主轴旋转。由于主轴电动机调速范围广，又可无级调速，使得主轴箱的结构大为简化。

一、数控机床对主轴驱动变频系统的要求

数控机床集高效、高精度和高柔性为一体，能适应不同零件的加工，它要求驱动变频系统具有较高的动静态性能，能频繁地启动、制动、正转、反转及实现准停。从工件和刀具相对运动的关系来分，数控机床可大致分为两种类型：一类是使工件旋转的车床类，另一类是使刀具做旋转运动的钻床和铣床类。各种数控机床所完成的加工任务不同，对主轴变频系统提出的要求也不相同，但大致都包括以下几点基本要求：

1．调速范围

由于加工刀具、被加工材质以及对零件加工要求不同，为保证在任何的情况下，都能得到最佳切削条件，这就要求传动系统必须具有足够宽的调速范围。同时，在不同转速下又有具体的要求：高速下，要求速度稳定，尽可能提供主轴电动机的最大功率，即恒功率范围要宽；低速下，要求提供大转矩输出，以满足重切削的要求。

2．速度控制精度和加减速性能

为保证各种机床的加工精度和表面粗糙度，以及完成攻丝等一些特殊的高级加工，一般都要求传动系统具有较高速度控制精度，并且要求加减速时间短，有良好的快速响应特性，由负载变化引起的动态降速小。若动态降速大，会严重影响加工的精度和表面粗糙度。

3．精确的准停功能和角度分度控制

在加工中心上自动更换刀具，一个接一个地完成各种不同的加工任务。需要对主轴做高精度停止定位控制，这是一种伺服动作。在车削中心上，要求主轴具有旋转进给轴的功能，完成任意角度分度控制，这时主轴坐标有了进给坐标的位置控制功能，称为“C”轴控制。

二、数控机床对通用变频器的技术要求

1．要求低频力矩大

选用矢量变频器，低频时（1～10 Hz）能输出150%额定转矩。

2．转矩动态响应速度快，稳速精度高

选用矢量变频器，能实现很好的动态响应效果，依据负载的变化，通过输出转矩的变化很快做出响应，从而实现转轴速度的稳定。

3．减速停车速度快

通常数控机床的加减速时间都是比较短的，加速时间靠变频器的性能保证，减速时间则依靠外加制动电阻或制动单元控制。

4. 进行电动机参数自学

选用矢量变频器后，要达到很好的控制性能通常都需要对电动机进行参数自学，其目的是获取准确的电动机内部参数，以用于矢量控制计算。参数自学所需要的电动机铭牌参数：电动机额定功率、电动机额定频率、电动机额定转速、电动机额定电压、电动机额定电流。有的变频电机的铭牌上没有标出额定转速值，可以根据经验值估计额定转速。在进行参数自学时，务必要在空载（电动机轴上不接负载）的时候进行。只有在空载时进行，才能保证自学出来的电动机参数的准确性。

如果现场条件没办法进行空载运行，可以考虑用变频器出厂的电动机参数试运行。

5. 频率指令和运行指令

数控机床上使用的变频器频率指令和运行指令都来源于 CNC 控制器，一般给定的的通道有两种，一种是模拟量给定，另一种是多段速给定，或者两者同时给定，以多段速优先。模拟量给定以 0 ~ 10 V 电压型模拟量为主。变频器对这两种类型的模拟量都可以采集。

6. 抗干扰问题

变频器具有很强的抗干扰能力，但变频器同时也是一个干扰源，在使用中很难避免对其他设备的干扰，在数控机床上最容易被干扰的设备是 CNC 控制器。一旦 CNC 控制器受到干扰，系统将不能正常工作。特别是变频器的频率指令和运行指令也可能会受到干扰，干扰严重的会造成频率指令不稳定，变频器误动作等。解决此类问题的办法是在变频器的输出线上加磁环以减少高频辐射。一般进口 CNC 的抗干扰能力较强。

三、FANUC0i Mate 数控系统主轴相关接口介绍

FANUC0i Mate 系统主轴控制可分为主轴串行输出和主轴模拟输出，如图 2—3—3 所示。

模拟主轴接口（JA40）

额定模拟输出：输出电压0~±10V；输出电

JA40插座引脚信号说明

脚号	信号	信号说明	脚号	信号
1			11	
2	（0V）		12	
3			13	
4			14	
5	ES	公共端	15	
6			16	
7	SVC	主轴指定电压	17	
8	EMB1	主轴使能信号	18	
9	EMB2	主轴使能信号	19	
10			20	

串行主轴或位置编码器接口（JA7A）

●串行主轴或位置编码器插座（JA7A）引脚信号说明

脚号	信号	信号说明	脚号	信号	信号说明
1	（SIN）		11		
2	（*SIN）		12	0V	0V电压
3	（SOUT）		13		
4	（*SOUT）		14	0V	
5	PA	位置编码器A相脉冲	15	SC	位置编码器C相脉冲
6	*PA	位置编码器*A相脉冲	16	0V	
7	PB	位置编码器B相脉冲	17	*SC	位置编码器*C相脉冲
8	*PB	位置编码器*B相脉冲	18	+5V	
9	+5V	+5V电压	19		
10			20	+5V	

（ ）中的信号用于串行主轴，模拟主轴不使用该信号

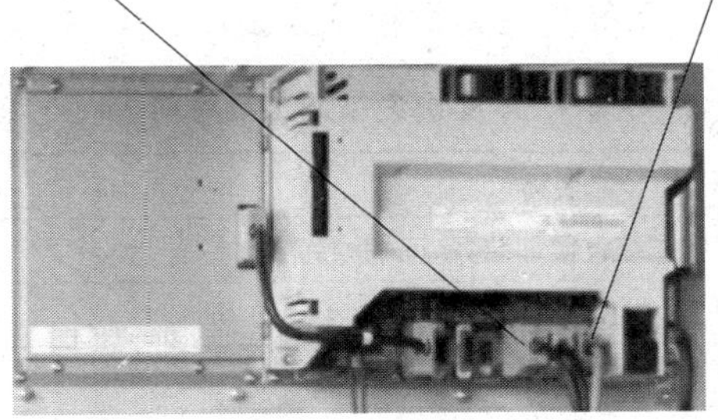

图 2—3—3 FANUC 0i Mate TD 数控系统主轴的接口

用模拟量控制的主轴驱动单元（如变频器）和电动机称为模拟主轴，主轴模拟输出接口只能控制一个模拟主轴。按串行方式传送数据（CNC 给主轴电动机的指令）的接口称为串行输出接口，主轴串行输出接口能够控制两个串行主轴，但必须使用 FANUC 生产的专用主轴驱动单元和主轴伺服电动机。

1. JA40

JA40 是模拟量主轴的速度信号接口（0 ~ 10 V），CNC 输出的速度信号（0 ~ 10 V）与变频器的模拟量频率设定端子 3 和端子 4 连接如图 2—3—4 所示，控制主轴电动机的运行速度。

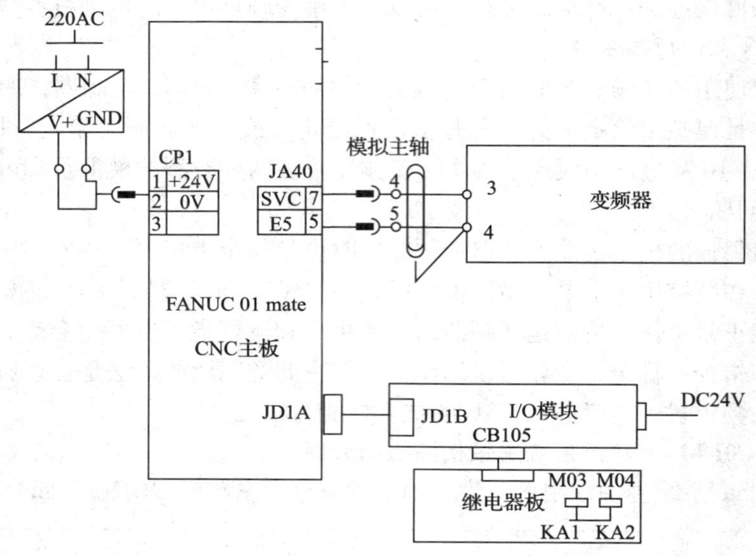

图 2—3—4 FANUC 0i mate TD 系统与西门子变频器的连接

2. JD1A I/O LINK

JD1A I/O LINK 接口连接 I/O 模块，从系统的 JD1A 出来，到 I/O 模块的 JD1B 为止。通过 I/O 模块来控制主轴正反转继电器，把继电器的常开触点接在变频器的正反转端子，用来控制主轴电动机的正反转。

任务实施

一、任务准备

实施本任务所需的实训设备及工具材料见表 2—3—1。

表 2—3—1　　实训设备及工具材料

序号	名称	型号与名称	数量
1	数控车床或综合实训装置（试验台）	天煌 THWLDF - 1	1 套
2	电工常用工具		1 套
3	仪器仪表	自定	1 块
4	实训设备说明书和变频器使用手册		各 1 本

二、数控系统与变频器连接

1. 数控系统电源连接。系统基本单元的 CP1 和 I/O 模块的 CP1 插头接入 DC24 V 电源。接线时要注意直流电正负极，不要把极性接反。

2. 按图 2—3—4 所示，把数控系统 JA40 接口连接到变频器的模拟电压输入接口。

操作提示

连接变频器模拟端口和编码器接口所用的电缆一律采用屏蔽电缆。

三、按照图 2—3—2 完成线路配线，并进行系统线路检查

1. 通电前，按照信号从强到弱的顺序检查线路有无短路和接触不良等现象。

2. 检查变压器进出线的方向和顺序。

3. 检查主轴变频器与主轴电动机强电电缆的相序。

4. 检查系统直流 24 V 电源的极性。

5. 检查地线的连接。

四、系统通电

1. 按照要求在指导教师监督下通电检查。

2. 线路通电后，必须检查各单元模块的直流电源的极性和电压是否符合要求。

五、按照要求对 FANUC Oi Mate TD 数控系统主轴的相关参数进行设置

FANUC Oi Mate TD 数控系统支持串行伺服主轴及模拟变频主轴，本实例采用 0 ~ 10 V 的模拟变频主轴，需要设定的主要参数大部分都集中在 37 × × 号、38 × × 号、4 × × × 号参数范围内，要根据不同的需求设置不同的参数，见表 2—3—2。

表 2—3—2　　FANUC Oi Mate TD 主轴相关参数及设定

参数号	符号	意义	0i - Mate
3705/0	ESF	S 和 SF 的输出	0
3705/4	EVS	S 和 SF 的输出	0
3706/0，1	PG1/PG2	齿轮比	1
3706/6，7	CWM/TCW	M03/M04 的极性	0
3708/0	SAR	检查主轴速度到达信号	0
3708/1	SAT	螺纹切削开始检查 SAR	0
3716	A/Ss	模拟主轴	0
3730		主轴模拟输出的增益调整	0
3731		主轴模拟输出时电压偏移的补偿	0
3732		定向/换挡的主轴速度	0
3740		检查 SAR 的延时时间	0
3741		第一挡主轴最高速度	1 400
3772		最高主轴速度	1 400

主轴设定参数说明

1. 齿轮比　主轴电动机带轮直径和主轴带轮直径的比值，可默认设置为 1。

2. 主轴最高转速　主轴所运行的最大转速，根据电动机本身最高转速和齿轮比进行设置。

3. 电动机最高转速　设定主轴的最高转速所对应的电动机转速，设定值不可超过电动机本身的最高转速。

操作提示

参数设定完毕后，先断电再上电，使参数生效，其他参数的设置可参考《参数说明书》。

六、按照要求对变频器的相关参数进行设置

变频器的参数含义及设置，请参考变频器的使用说明书。变频器的参数设定见表2—3—3。

表2—3—3　　变频器的参数设定

参数号	出厂值	设置值	说明
P0003	1	2	设用户访问级为扩展级
P0010	0	0	正确地进行运行命令的初始化
P0700	2	2	命令源选择由端子排输入
P0701	1	1	ON 接通正转，OFF 停止
P0702	1	2	ON 接通反转，OFF 停止
P1000	2	2	频率由模拟量输入
P1080	0	0	电动机运行的最低频率（Hz）
P1082	50	50	电动机运行的最高频率（Hz）
P1120	10	2	加速时间设定（此参数的设定可根据实际负载）
P1121	10	2	减速时间设定（此参数的设定可根据实际负载）
P1310	50	50	连续转矩提升
P0640	100%	150%	电动机过载因子的设定
P0731	52.3	52.7	多功能输出口1为故障报警
P0732	52.7	53.6	多功能输出口2为频率到达设定

七、通电调试

该功能操作可由指导教师先进行操作演示，然后由学生练习。

1. 选择“手动”运行方式，按“主轴正转”键或“主轴反转”键，观察主轴的运行情况，按“主轴停止”键，使主轴停止运行。

2. 实训完毕，切断电源，整理场地。

任务测评

完成任务后先按照表2—3—4进行自我测评，再由指导教师评价审核。

表 2—3—4 **测评表**

序号	项目	考核内容及要求	评分标准	配分	得分
1	材料准备与装前检查	(1) 检查工具、资料是否准备齐全 (2) 认识与检查电器元件	(1) 工具齐全 (5) (2) 资料齐全 (5) (3) 认识与检查元件 (5)	15	
2	数控系统与主轴驱动器的连接	(1) 正确连接数控系统 (2) 正确连接主轴驱动器	(1) 正确使用工具 (5) (2) 没有损坏元器件 (5) (3) 正确理解数控系统 (10) (4) 正确连接主轴驱动器 (10)	30	
3	参数设定	(1) 设定数控系统主轴参数 (2) 设定变频器参数	(1) 能正确设定变频器参数 (10) (2) 能正确设定系统参数 (10) (3) 正确查阅说明书 (5)	25	
4	通电调试	正确进行各功能的操作	功能操作 (20)	20	
5	安全文明生产	应符合国家安全文明生产的有关规定	违反安全文明生产有关规定不得分	10	
备注			合计		
			教师签字：		

思考与练习

某数控机床采用 GSK980－TDb 系统，变频器采用 MM440 系列，参考相关资料设计主轴电气控制原理图，并写出变频器的相关参数。

课题三　供水系统的变频恒压控制

目前，变频器节能控制在生活给水、工业给水等各类给排水控制系统中应用越来越广泛。变频调速恒压供水技术已普遍使用，并具有重大的经济和社会意义。在生产生活供水时，若自来水供水因故压力不足或短时断水，可能影响生活质量，严重时会影响生存安全；如发生火灾时，若供水压力不足或无水供应，不能迅速灭火，可能引起重大经济损失和人员伤亡。所以，用水区域采用恒压供水系统，能产生较大的经济效益和社会效益。

任务 1　单台水泵的变频器控制

学习目标

1. 了解变频器恒压供水控制系统的组成及基本原理。
2. 了解变频器、压力传感器等设备的主要参数和使用方法。
3. 会设计单台水泵变频控制的电路图。
4. 能正确设置单台水泵变频控制的变频器参数。
5. 能独立完成变频器 PID 控制恒压供水系统的简单安装与调试。

任务引入

本任务将利用变频器的 PID 控制功能实现如图 3—1—1 所示的恒压供水系统电路的控制。

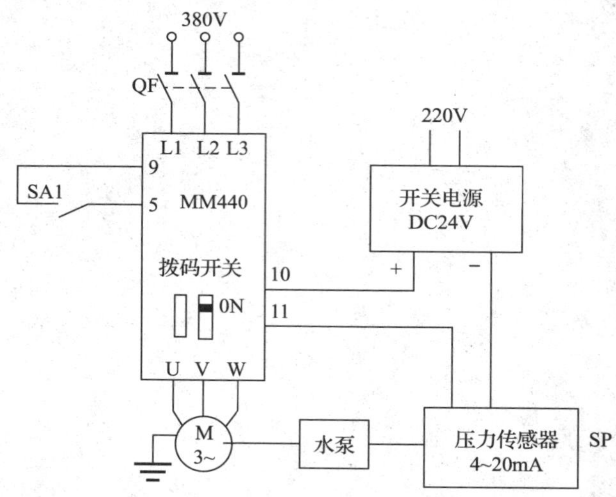

图 3—1—1　变频器恒压供水系统电路

图 3—1—1 中，系统输出环节由水泵电动机执行；转速控制环节由变频器控制，实现变流量恒压控制；压力检测环节由压力传感器检测管网出水压力，将压力信号变为 4～20 mA 电流信号反馈给变频器，由端子 10 和端子 11 引入。正常工作时，SA1 闭合，工作时反馈值与目标值比较，通过变频器中 PID 调节功能来控制水泵的转速，实现了一个闭环控制系统。当用水高峰期时，用水量较大，水压下降，水压变送器信号小于设定信号，经变频器内部 PID 调节后，变频器输出频率上升，水泵加速运行，供水量增大，水压回升到设定值；当用水量较小，水压上升时，水压变送器信号大于设定信号，经变频器内部 PID 调节后，变频器输出频率下降，水泵减速运行，供水量减少，水压下降到设定值。这样使供水系统的水压始终保持恒压供水。

相关知识

一、普通供水的基本模型

如图 3—1—2 所示是一生活小区供水系统的基本模型，水泵将水池中的水抽出并上扬至所需高度，以便向生活小区供水。

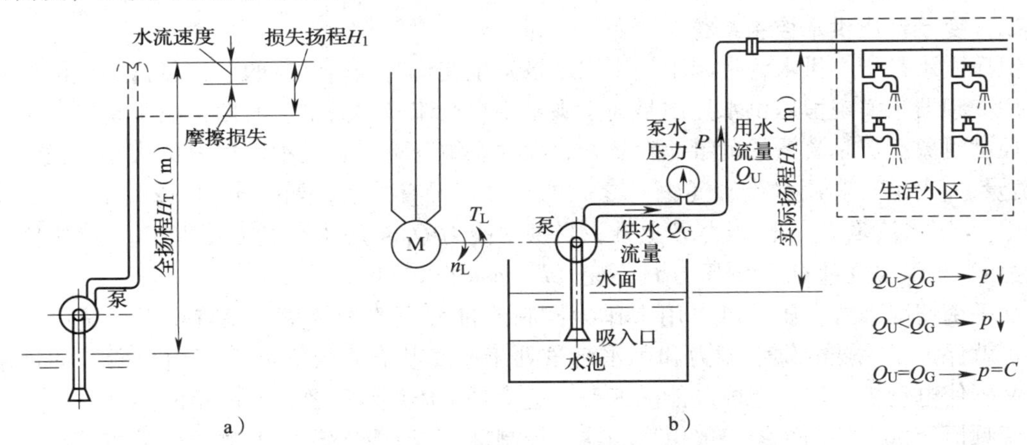

图 3—1—2 普通供水系统的基本模型

a）全扬程的概念 b）基本模型

图中有几个供水系统的主要参数需要解释一下，便于更好地理解供水系统。

1. 流量

流量是水泵在单位时间内所抽送液体的数量，常用的流量是体积流量，用 Q 表示，其单位是 m^3/h。

2. 扬程

单位质量的液体通过水泵后所获得的能量，通常称为扬程。扬程主要包括三个方面：

（1）提高水位所需的能量。

（2）克服水在管路中流动阻力所需的能量。

（3）使水流具有一定的流速所需的能量。

扬程通常用所抽送液体的液柱高度 H 表示，其单位是 m。习惯上常用水从一个位置上扬到另一个位置时水位的变化量（即对应的水位差）来代表扬程。

3．全扬程

全扬程也叫总扬程，是表征水泵泵水能力的物理量，包括把水从水池的水面上扬到最高水位所需的能量、克服管阻所需的能量和保持流速所需的能量，符号是 H_T，在数值上等于在没有管阻、也不计流速的情况下，水泵能够上扬水的最大高度，如图 3—1—2a 所示。

4．实际扬程

实际扬程是通过水泵实际提高水位所需要能量，符号是 H_A。在不计损失和流速的情况下，其主体部分正比于实际的最高水位与水池水面之间的水位差，如图 3—1—2b 所示。

5．损失扬程

全扬程与实际扬程之差即为损失扬程，符号是 H_L。H_T、H_A、H_L 三者之间的关系：$H_T = H_A + H_L$。

6．管阻

管阻是表示管道系统（包括水管、阀门等）对水流阻力的物理量，符号是 P。其大小在静态时主要取决于管路的结构和所处的位置，而在动态情况下，还与供水流量和用水流量之间的平衡情况有关。

二、变频恒压供水控制系统

恒压供水是指在供水管道网中，当用水量发生变化时，出水口的压力保持不变的供水方式。用变频器来实现恒压供水控制是为了满足用户对流量的需求。所以，流量是供水系统的基本控制对象。但是流量的测量比较复杂，在动态情况下，管道中水压 P 的大小与供水能力（用流量 Q_G 表示）和用水流量（Q_u）之间的平衡情况有关系，如图 3—1—2b 所示。当供水能力 $Q_G >$ 用水流量 Q_u，则压力 P 上升；当供水能力 $Q_G <$ 用水流量 Q_u，则压力 P 下降；供水能力 $Q_G =$ 用水流量 Q_u，则压力 P 不变（$P = \text{const}$）。

从平衡情况来看，压力可以用来作为控制流量大小的参变量。保持供水系统中某处压力，也就保证了该处的供水能力和用水流量处于平衡状态，恰好满足了用户所需的用水流量，又不使电动机空转，造成电能的浪费。这就是恒压供水所要达到的目的。

变频恒压供水控制系统一般由变频器、控制器、压力传感器以及水泵电动机等组成。其系统框图如图 3—1—3 所示。

变频恒压供水控制系统主要通过压力传感器感知管网压力变化，并将用电信号传输给变频器，由变频器控制水泵转速。在供水过程中水泵用水量大时增加水泵转速，用水量小时减少水泵转速，用水量极少及无人用水时进入休眠状态。

三、供水系统节能原理分析

在供水系统中，最根本的控制对象是流量。因此，要研究节能问题必须从考虑如何调节流量入手。常见的方法有阀门控制法和转速控制法两种，如图 3—1—4 所示为两种调节流量方法的比较。

1．阀门控制法

阀门控制法是通过开关阀门大小来调节流量，而转速保持不变，通常为额定转速。阀门控制法的实质是水泵本身的供水能力不变，而是通过改变水路中的阻力大小来改变供水能力，以适应用户对流量的需求。这时管阻特性将随阀门开度的大小而改变，但扬程特性不变。

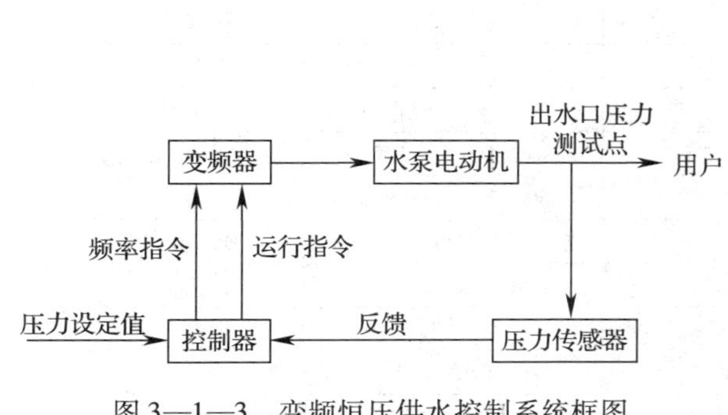

图 3—1—3　变频恒压供水控制系统框图

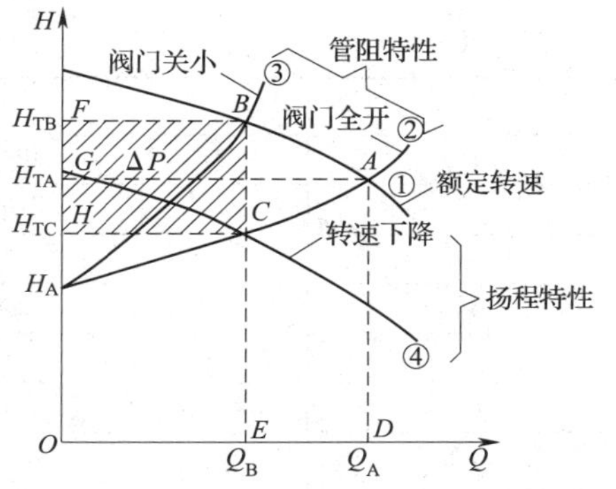

图 3—1—4　调节流量的两种方法比较

2．转速控制法

转速控制法是通过改变水泵的转速来调节流量，而阀门开度则保持不变（通常为最大开度）。转速控制法的实质是通过改变水泵的全扬程来适应用户对流量的需求。当水泵的转速改变时，扬程特性将随之改变，而管阻特性则不变。

比较上述两种调节流量的方法，从供水功率分析可以得出，在所需流量小于额定流量的情况下，转速控制时扬程比阀门控制时小得多，所以转速控制方式所需的供水功率比阀门控制方式小很多。从水泵的工作效率分析可以得出，采用转速控制方式控制流量时工作效率要比阀门控制方式大得多。从电动机的效率分析得出，采用阀门控制方式控制流量时的效率和功率因数要比转速控制方式低。

综上所述，从节能的角度考虑，采用转速控制流量（变频调速供水方式）的节能效果明显。目前，以变频调速装置为控制核心的恒压供水系统已得到广泛使用。

四、变频恒压供水系统的优点

1．恒压供水技术因采用变频器改变电动机电源频率而达到调节水泵转速改变水泵出口压力的方式，因而比靠调节阀门的控制水泵出口压力的方式更能降低管道阻力，大大减少了截流损失。

2．由于变量泵工作在变频工况，在其出口流量小于额定流量时，泵转速降低，这样可减少轴承的磨损和发热，延长泵和电动机的机械使用寿命。

3．因实现恒压自动控制，不需要操作人员频繁操作，既降低了人员的劳动强度，又节省了人力。

4．水泵电动机采用软启动方式，按设定的加速时间加速，避免电动机启动时的电流冲击对电网电压造成的波动，同时，也避免了电动机突然加速造成的泵系统喘振。

5．由于变量泵工作在变频工作状态，在其运行过程中其转速是由外供水量决定的，故系统在运行过程中可节约可观的电能，其经济效益十分明显。由于其节电效果明显，所以系统具有收回投资快、长期受益等特点，其产生的社会效益也非常大。

任务实施

一、任务准备

实施本任务所需的实训设备及工具材料可参考表 3—1—1。

表 3—1—1 工具和材料清单

序号	分类	名称	型号规格	数量	备注
1	工具	电工工具		1 套	
2	器材	万用表	MF－47 型或自定	1 块	
3		变频器	MM440 5.5 kW	1 台	
4		配电盘	500 mm×600 mm	1 块	
5		导轨	C45	0.3 m	
6		自动断路器	DZ47－63/3P D40	1 只	
7		三相异步电动机	型号自定	1 台	
8		旋钮开关	LAY16	1 只	
9		压力传感器	型号自定	1 块	
10		端子排	D－10	1 根（10 节）	
11		铜塑线	BVR1.5/2.5 mm^2	各 5 m	
12		紧固件	螺钉（型号自定）	若干	
13		线槽	25 mm×35 mm	若干	
14		号码管		若干	
15		开关电源	24 V/4 A		

二、变频器单泵恒压供水系统电路安装与调试

1. 绘制电路原理图

参考图 3—1—1，正确绘制变频器单泵恒压供水系统电路原理图。

2. 安装元件

（1）安装前，检查元器件的质量好坏。

（2）按照布置图安装电气元件，并贴上醒目的标签。

（3）根据图 3—1—1 与变频器使用说明书的安装要求，在实验板上正确安装布局。变频器最好安装在实验板的中部，变频器要垂直安装，正上方和正下方要避免有大的元器件，元器件位置要整齐匀称，间距合理。

3. 按图接线

按照如图 3—1—1 所示的电路图，完成实训接线，并符合布线工艺要求。

4. 线路检查

（1）检查电气元件的安装与接线是否牢固。

（2）用万用表测试，检查接线是否正确。

5. 变频器参数设置

（1）参数复位。恢复变频器工厂默认值，设定 P0010＝30 和 P0970＝1，按下 P 键，开始复位，复位过程大约为 10 s，保证了变频器的参数恢复到工厂默认值。

（2）设置电动机参数，见表 3—1—2。电动机参数设置完成后，设 P0010＝0，变频器当前处于准备状态，可正常运行。

（3）设置控制参数，见表 3—1—3。

（4）设置目标参数，见表 3—1—4。

当 P2232＝0 允许反向时，可以用面板 BOP 键盘上的（▲▼）键设定 P2240 为负值。

表 3—1—2　　电动机参数设置

参数号	出厂值	设置值	说明
P0003	1	1	设用户访问级为标准级
P0010	0	1	快速调试
P0100	0	0	功率以 kW 表示，频率为 50 Hz
P0304	230	380	电动机额定电压（V）
P0305	3.25	1.05	电动机额定电流（A）
P0307	0.75	0.37	电动机额定功率（kW）
P0310	50	50	电动机额定频率（Hz）
P0311	0	1 400	电动机额定转速（r/min）

表 3—1—3　　控制参数表

参数号	出厂值	设置值	说明
P0003	1	2	设用户访问级为扩展级
P0004	0	0	参数过滤显示全部参数
P0700	2	2	由端子排输入（选择命令源）
* P0701	1	1	端子 DIN1 功能为 ON 接通正转/OFF 停车
* P0702	12	0	端子 DIN2 禁用
* P0703	9	0	端子 DIN3 禁用
* P0704	0	0	端子 DIN4 禁用
P0725	1	1	端子 DIN 输入为高电平有效
P1000	2	1	频率设定由 BOP（▲▼）设置
* P1080	0	20	电动机运行的最低频率（下限频率）（Hz）
* P1082	50	50	电动机运行的最高频率（上限频率）（Hz）
P2200	0	1	PID 控制功能有效

注：表 3—1—3 中，标“*”号的参数可根据用户的需要改变，以下相同。

表 3—1—4　　目标参数表

参数号	出厂值	设置值	说明
P0003	1	3	设用户访问级为专家级
P0004	0	0	参数过滤显示全部参数
P2253	0	2 250	已激活的 PID 设定值（PID 设定值信号源）
* P2240	10	60	由面板 BOP（▲▼）设定的目标值（%）
* P2254	0	0	无 PID 微调信号源
* P2255	100	100	PID 设定值的增益系数
* P2256	100	0	PID 微调信号增益系数
* P2257	1	1	PID 设定值的斜坡上升时间
* P2258	1	1	PID 设定值的斜坡下降时间
* P2261	0	0	PID 设定值无滤波

（5）设置反馈参数，见表3—1—5。

表3—1—5　　反馈参数表

参数号	出厂值	设置值	说明
P0003	1	3	设用户访问级为专家级
P0004	0	0	参数过滤显示全部参数
P2264	755.0	755.1	PID反馈信号由AIN2+（即模拟输入2）设定
*P2265	0	0	PID反馈信号无滤波
*P2267	100	100	PID反馈信号的上限值（%）
*P2268	0	0	PID反馈信号的下限值（%）
*P2269	100	100	PID反馈信号的增益（%）
*P2270	0	0	不用PID反馈器的数学模型
*P2271	0	0	PID传感器的反馈形式为正常

（6）设置PID参数，见表3—1—6。

表3—1—6　　PID参数表

参数号	出厂值	设置值	说明
P0003	1	3	设用户访问级为专家级
P0004	0	0	参数过滤显示全部参数
*P2280	3	25	PID比例增益系数
*P2285	0	5	PID积分时间
*P2291	100	100	PID输出上限（%）
*P2292	0	0	PID输出下限（%）
*P2293	1	1	PID限幅的斜坡上升/下降时间（s）

6. 变频器运行操作

（1）接通SA1时，变频器数字输入端DIN1为“ON”，变频器启动电动机。当反馈的电流信号发生改变时，将会引起电动机速度发生变化。

若反馈的电流信号小于目标值12 mA（即P2240值），变频器将驱动电动机升速；电动机转速上升又会引起反馈电流信号变大。当反馈电流信号大于目标值12 mA时，变频器又将驱动电动机降速，从而又使反馈电流信号变小；当反馈电流信号小于目标值12 mA时，变频器又将驱动电动机升速。如此反复，能使变频器达到一种动态平衡状态，变频器将驱动电动机以一个动态稳定的速度运行。

（2）如果需要，则目标设定值（P2240值）可直接通过按操作面板上的（▲▼）键来改变。当设置P2231=1时，由（▲▼）键改变了的目标设定值将被保存在内存中。

（3）断开SA1，数字输入端DIN1为“OFF”，电动机停止运行。

7. 训练完毕，切断电源，清理现场

任务测评

完成任务后先按照表 3—1—7 进行自我检查，再由指导教师评价审核。

表 3—1—7　　评分标准

序号	项目内容	考核要点	评分标准	配分	得分
1	设计原理图	（1）规范设计原理图 （2）正确绘图并保持图面清洁	电路图不规范或不清洁，每处扣 1 分	10	
2	元器件选择	（1）正确选择元器件的型号 （2）检查元器件的好坏	（1）元器件型号选择不合理，每处扣 5 分 （2）未检查元器件好坏，每处扣 5 分	20	
3	接线	（1）正确使用工具和仪表 （2）按照电路图正确接线	（1）接线不规范，每处扣 5 分 （2）接线错误，扣 20 分 （3）工具和仪表使用不规范，每处扣 2 分	20	
4	参数设置	能根据任务要求正确设置变频器参数	（1）参数设置不全，每处扣 5 分 （2）参数设置错误，每处扣 5 分	20	
5	操作调试	正确操作调试	（1）变频器操作错误，每处扣 5 分 （2）调试失败，扣 20 分	20	
6	安全文明生产	遵守安全文明生产规定，如出现设备损坏、人身事故视为不合格	违反安全文明生产规程，扣 5 ~ 10 分	10	
备注			合计		
			教师签字：		

思考与练习

试设计一恒转速变频器 PID 控制电路图，说明其参数设置方法及操作步骤，并进行实际接线和运行调试。

任务 2　单台水泵变频与工频切换运行控制

学习目标

1. 掌握用 PLC 控制变频器进行工频和变频切换的方法。
2. 了解变频器工频、变频切换的方法及参数设置的相关知识。

3. 能设计在合适的情况下使电动机转入工频运行的方法。

4. 能正确设置变频启动工频运行控制变频器参数及编制 PLC 控制程序。

任务引入

某学校宿舍楼的供水系统用一台电动机拖动水泵变频运行，当供水高峰时，电动机频率上升到 50 Hz（工频）并保持长时间运行，供水量较低时电动机转入变频运行状态从而达到节能效果。当电动机长时间处于工频运行时，可以将电动机直接切换到工频电网供电，让变频器休息；此外，当变频器发生故障时，为了保证宿舍楼的供水正常，也需将水泵电动机直接接到工频电网运行。也就是说，电动机有变频工作和工频工作两种方式。

本任务使用 MM440 变频器来实现变频与工频切换的恒压供水系统的电气安装与调试，如图 3—2—1 所示。当变频器出现故障时，自动切换到工频电源运行；或者将工频运行自动切换到变频运行状态，切换之间电动机不停止运行，确保供水正常。其线路控制要求如下：

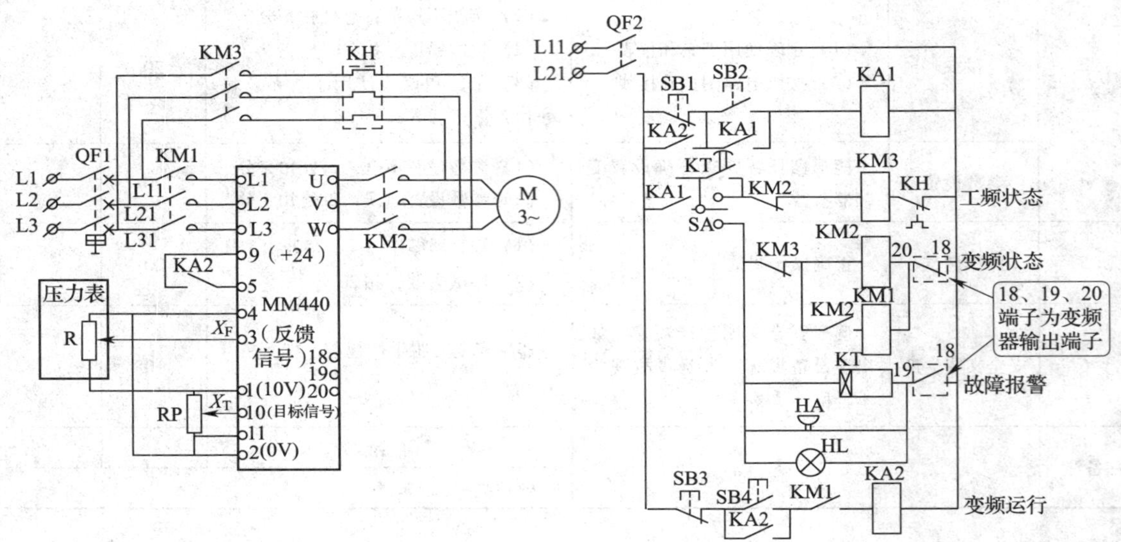

图 3—2—1　变频与工频切换的恒压供水电气原理图

1. 用户可根据工作需要选择工频运行或变频运行。

2. 在变频运行时，一旦变频器出现故障而跳闸，可自动切换为工频运行方式，同时发出声光报警。

3. 供水压力设置为 0.7 MPa。

相关知识

一、变频与工频切换控制原理

由继电器与变频器组合的变频与工频切换控制电路必须满足两个控制要求：一是可根据

工作需要选择“工频运行”或“变频运行”；二是在“变频运行”时，一旦变频器因故障而跳闸，可自动切换为“工频运行”方式，同时进行声光报警。具体线路分析如下。

1. 变频器两个控制信号 X_T和 X_F

在图 3—2—1 中变频器有两个主要控制信号，一是目标信号 X_T；二是反馈信号 X_F。

（1）目标信号 X_T是变频器模拟给定端子 10 得到的信号，该信号是一个与压力的控制目标相对应的值，通常用百分数表示。目标信号也可以由变频器键盘给定，而不必通过外部电位器给定。

（2）反馈信号 X_F是由压力传感器 SP 反馈到变频器模拟端子 3 的信号，该信号反映了实际压力值的大小。

提示

变频器的输出频率（f_x）是由实际压力（X_F）与目标压力（X_T）在变频器内部进行相减（X_T-X_F），其合成信号（X_T-X_F）经过变频器内部的 PID 调节处理后得到频率给定信号，它决定了变频器的输出频率 f_X。

当用水量减少时，供水能力 $Q_G>$用水流量 Q_u，则压力 P 上升，反馈信号 X_F上升，其合成信号下降，变频器输出频率 f_X下降，电动机转速下降，随后供水能力 Q_G下降，直到压力大小恢复到目标值，供水能力 Q_G与用水流量 Q_u重新平衡时为止；反之，当供水能力 $Q_G<$用水流量 Q_u，则压力 P 下降，反馈信号 X_F下降，其合成信号上升，变频器输出频率 f_X上升，电动机转速升高，随后供水能力 Q_G升高，直到供水能力 Q_G与用水流量 Q_u又重新达到平衡。

2. 系统主电路

如图 3—2—1 所示，主电路电动机具有工频与变频两路切换，接触器 KM1 用于将电源接至变频器的输入端；接触器 KM2 用于将变频器的输出端接至电动机；接触器 KM3 用于将工频电源通过热继电器 KH 接至电动机，热继电器 KH 用作电动机工频运行时的过载保护。

3. 系统控制电路

系统运行方式由三位开关 SA 选择。

（1）工频运行方式　当 SA 开关合至工频运行方式时，按下启动按钮 SB2，中间继电器 KA1 线圈获电并自锁，接触器 KM3 线圈获电，主触头闭合，电动机进入工频运行状态。按下停止按钮 SB1，中间继电器 KA1 和接触器 KM3 均断电，电动机停止运行。

（2）变频运行方式　当 SA 开关合至变频器运行方式时，按下启动按钮 SB2，中间继电器 KA1 线圈获电并自锁，接触器 KM2 线圈获电，主触头闭合，将变频器的输出端接至电动机；KM2 动作后，接触器 KM1 线圈也获电，主触头闭合，将电源接至变频器的输入端，并使电动机进入变频运行等待状态。此时按下 SB4 按钮，中间继电器 KA2 线圈获电，常开触点 KA2 闭合，接通变频器 5 和端子 9，电动机开始加速进入变频运行状态。并联在按钮 SB1 两端的 KA2 触点闭合后，停止按钮将失去作用，以防止变频器在运行时，直接通过切断 KM1 接触器断开电源使电动机停止。

（3）故障报警　在变频器运行中，如果变频器因故障而跳闸，则变频器输出端子 20 与端子 18 断开，接触器 KM2 和 KM1 均断电，电源与变频器之间以及变频器与电动机之间都被切断。与此同时，输出端子 18 与端子 19 闭合，由蜂鸣器 HA 与指示灯 HL 进行声光报警。

同时，时间继电器 KT 得电，其触点延时闭合，使 KM3 线圈获电，主触头闭合，电动机进入工频运行状态。操作员发现后，应将选择开关 SA 旋至工频运行方式。这时声光报警停止，并使时间继电器断电。

二、系统的主要硬件配置

1．变频器的选择

变频器的正确选择对于控制系统的正常运行是非常关键的，在实际应用中主要对变频器的类型和容量进行选择。

（1）变频器类型的选择　本任务的负载属于风机、泵类负载。因此，这种负载可选择普通功能型变频器或风机、水泵型专用变频器。例如，本例可选择 MM440 或 MM430 变频器。

（2）变频器容量的选择　变频器容量选择是一个很重要且复杂问题，要考虑变频器容量与电动机容量匹配问题，容量偏小会影响电动机有效力矩输出，影响系统正常运行，损坏设备；而容量偏大则电流谐波分量增大，也增加了设备投资。通用变频器容量主要根据电动机的额定电流、负载性质和加减速时间等要求选择。

提示

本实例设电动机容量 7.5 kW，变频器选型为西门子 MM440 系列（或 MM430 系列），功率 7.5 kW。本实例在练习时，不同学校可根据自己实际情况来选定变频器的型号和功率。

2．压力传感器的选择

压力传感器用来检查供水总管路的出水压力，为系统提供反馈信号。常用的压力传感器有压力变送器 SP 和远传压力表 P 等两种。

（1）压力变送器是一种能够将压力信号转换成电压信号或电流信号的装置。所以输出信号是随压力变化的电压或电流信号。当传输距离较远时，应选用电流信号（通常为 4 ~ 20 mA），以消除因线路压降引起的误差。压力变送器一般选取离水泵出口较远的地方安装，否则容易引起系统振荡。

（2）远传压力表的基本结构是在压力表的指针轴上附加一个能够带动电位器滑动触点的装置。从电路器件的角度看，远传压力表实际上是一个电阻值随压力而变化的电位器。如图 3—2—2 所示是 YTZ－150 电阻式远传压力表，压力测量范围为 0 ~ 1 MPa。

图 3—2—2　YTZ－150 电阻式远传压力表

提示

本实例对压力传感器的选型为 YTZ－150 电阻式远传压力表，压力测量范围为 0～1 MPa。

任务实施

一、任务准备

实施本任务所需的实训设备及工具材料见表 3—2—1。

表 3—2—1　　实训设备及工具材料

序号	分类	名称	型号规格	数量	备注
1	工具	电工工具		1 套	
2	器材	万用表	MF－47 型或自定	1 块	
3		变频器	MM440 7.5 kW	1 台	
4		配电盘	500 mm×600 mm	1 块	
5		导轨	C45	1 m	
6		自动断路器	DZ47－63/3P D40 DZ47－63/2P D10	各 1 只	
7		三相异步电动机	型号自定	1 台	
8		三位旋钮开关	LAY16	1 只	
9		远传压力表	YTZ－150	1 块	
		交流接触器	CJX2－2510，线圈电压 380 V	3 只	
		时间继电器	JS14 A，额定电压 380 V	1 只	
		热继电器	JR16－20/3	1 只	
		指示灯	型号自定	1 只	
		蜂鸣器	型号自定	1 只	
		微型继电器	HH54 P，线圈电压 380 V	2 套，带座	
		按钮	型号自定	4 只	
10		端子排	D－10 30 A/10 A	各 2 根（10 节）	
11		铜塑线	BVR1.5/2.5 mm^2	若干	
12		紧固件	螺钉（型号自定）	若干	
13		线槽	25 mm×35 mm	若干	
14		号码管		若干	

二、绘制电气原理图

参考图 3—2—1，进行规范绘图。

三、系统接线

按照如图 3—2—1 所示的电路图，完成实训接线，并符合布线工艺要求。

四、线路检查

1. 检查电气元件的安装与接线是否牢固。
2. 用万用表测试，检查接线是否正确。

五、变频器参数设置

提示

恢复变频器工厂默认值。设定 P0010 = 30 和 P0970 = 1，按下 P 键，开始复位，复位时间大约为 10 s。

1. 电动机参数设置（见表 3—2—2）

表 3—2—2　　电动机参数设置

参数号	出厂值	设置号	说明
P003	1	1	设用户访问级为标准级
P0010	0	1	快速调试
P0100	0	0	工作地区：功率 kW 表示，频率为 50 Hz
P0304	230	380	电动机额定电压（V）
P0305	3.25	15	电动机额定电流（A）
P0307	0.75	7.5	电动机额定功率（kW）
P0308	0	0.8	电动机额定功率因数（cosφ）
P0310	50	50	电动机额定频率（Hz）
P0311	0	1 440	电动机额定转速（r/min）

2. 变频器控制参数设置（见表 3—2—3）

表 3—2—3　　变频器控制参数

参数号	默认值	设定值	参数说明
P0003	1	3	设用户访问级为专家级
P0004	0	0	显示全部参数
P0700	2	2	命令由端子控制
P0701	1	1	由端子 DIN1 控制变频器启停
P1000	2	2	频率由模拟输入设定
P1080	0	20	下限频率
P1082	50	50	上限频率
P2200	0	1	PID 功能有效

3. 变频器目标参数设置（见表 3—2—4）
4. 变频器反馈参数设置（见表 3—2—5）

表 3—2—4　　变频器目标参数

参数号	默认值	设定值	参数说明
P0003	1	3	设用户访问级为专家级
P0004	0	0	显示全部参数
P2253	0	755. 1	模拟通道 2 设定目标值
P2240	10	70	目标值设定为 70%
P2255	100	100	PID 设定增益系数
P2256	100	0	PID 微调增益系数
P2257	1	1	设定上升时间为 1 s
P2258	1	1	设定下降时间为 1 s

表 3—2—5　　变频器反馈参数

参数号	默认值	设定值	参数说明
P0003	1	3	设用户访问级为专家级
P0004	0	0	显示全部参数
P2264	755. 0	755. 0	PID 反馈信号有模拟输入 1 设定
* P2265	0	0	PID 反馈信号无滤波
* P2267	100	100	PID 反馈信号的上限值%
* P2268	0	0	PID 反馈信号的下限值%
* P2269	100	100	PID 反馈信号的增益%
* P2270	0	0	不用反馈器的数学模型
* P2271	0	0	PID 传感器的反馈形式为正常

注：* 表示用户可以现场调整的参数。

5. 变频器 PID 参数设置（见表 3—2—6）

表 3—2—6　　变频器 PID 参数

参数号	默认值	设定值	参数说明
P0003	1	3	设用户访问级为专家级
P0004	0	0	显示全部参数
* P2280	3	25	PID 比例增益系数
* P2285	0	5	PID 积分时间
* P2291	100	100	PID 输出上限值（%）
* P2292	0	0	PID 输出下限值（%）
* P2293	1	1	PID 限幅斜坡上升/下降时间（s）

六、调试运行

1. 空载调试

当控制盘与变频器连接好后，不接电动机，即变频器处于空载状态。通过模拟各种信号来观察工频运行状态与变频器运行状态是否符合要求，否则，检查接线、变频器参数等，直到变频器按要求运行。

2．现场调试

正确连接好全部设备，进行现场系统调试，现场调试主要对变频器调试。将选择开关置于变频自动方式下，按下启动按钮，系统开始自动运行。由于变频器运行采用PID控制，整个调试过程比较复杂，需要现场认真、仔细地调试。调试原则参考课题一中任务5变频器PID操作控制相关内容。

3．训练完毕，切断电源，清理现场。

任务测评

完成任务后先按照表3—2—7进行自我检查，再由指导教师评价审核。

表3—2—7　任务测评表

序号	项目内容	考核要点	评分标准	配分	得分
1	设计原理图	（1）规范设计原理图 （2）正确绘图并保持图面清洁	电路图不规范或不清洁，每处扣1分	10	
2	元器件选择	（1）正确选择元器件的型号 （2）检查元器件的好坏	（1）元器件型号选择不合理，每处扣5分 （2）未检查元器件好坏，每处扣5分	20	
3	接线	（1）正确使用工具和仪表 （2）按照电路图正确接线	（1）接线不规范，每处扣5分 （2）接线错误，扣20分 （3）工具和仪表使用不规范，每处扣2分	20	
4	参数设置	能根据任务要求正确设置变频器参数	（1）参数设置不全，每处扣5分 （2）参数设置错误，每处扣5分	20	
5	操作调试	正确操作调试	（1）变频器操作错误，每处扣5分 （2）调试失败，扣20分	20	
6	安全文明生产	遵守安全文明生产规定，如出现设备损坏、人身事故视为不合格	违反安全文明生产规程，扣5～10分	10	
备注			合计		
			教师签字：		

思考与练习

在完成本课题任务基础上，试设计一个基于 PLC 控制变频器的变频与工频切换控制的恒压供水系统并进行安装与调试。

任务 3　变频一拖三自动恒压供水控制

学习目标

1. 了解变频恒压供水常用的控制方案。
2. 了解变频恒压供水系统的结构和控制过程。
3. 会配置三台水泵 PID 控制恒压供水系统。
4. 能完成三台水泵 PID 控制恒压供水系统的设计、安装与调试。

任务引入

实际应用中，若单台水泵供水不能满足用水要求，常用多台水泵为系统供水，同时为考虑设备成本，通常采用单台变频器拖动多台水泵实现变频控制，即“一拖多”控制方案。对于这种多台泵调速的方式，系统通过计算判定目前是否已达到设定压力，决定是否增加（投入）或减少（撤出）水泵。

本任务设计一个三台水泵构成的变频恒压供水控制系统，该系统由 3 台水泵组成，系统控制要求如下。运行过程中当第 1 台水泵工作频率达到最高频率时，若管网水压仍达不到预设水压，则将此台水泵切换到工频运行，变频器将自动启动第 2 台水泵，控制其变频运行。此时，如压力仍然达不到要求，则将该水泵也切换至工频，变频器启动第 3 台水泵，直到满足设定压力要求为止。反之，若管网水压大于预设水压，控制器控制变频器频率降低，使水泵转速降低，当频率低于下限时自动切掉一台工频水泵或此变频水泵，始终使管网水压保持恒定。

相关知识

一、变频器恒压供水系统常用的几种方案

1. 一台水泵由一台变频器控制恒压供水系统

供水量较小的供水系统一台水泵就能满足供水量要求，由一台变频器来控制水泵。这种恒压供水系统的控制简单实用，如图 3—3—1 所示。其系统组成主要有输出环节，由水泵电动机执行；转速控制环节，由变频器控制，实现变流量恒压控制；压力检测环节，由压力传感器检测管网出水压力，把信号传给变频器，通过变频器中 PID 调节功能来控制水泵的转速，实现了一个闭环控制系统。

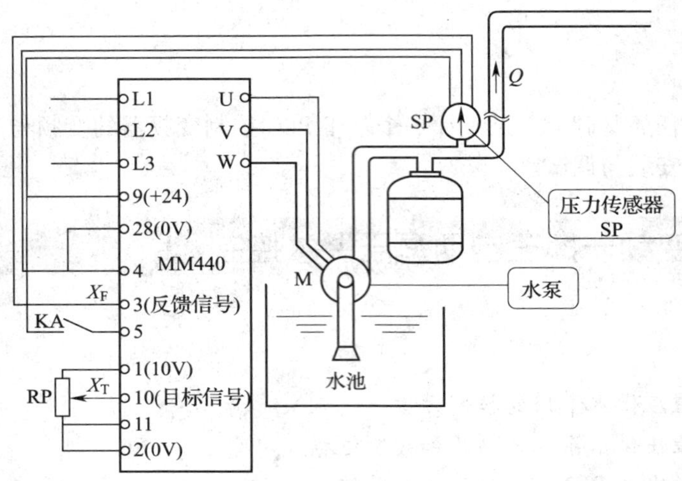

图 3—3—1　一台变频器控制一台水泵恒压供水电路框图

当用水高峰期时，用水量较大时，水压下降，水压变送器信号小于设定信号，经变频器内部 PID 调节后，变频器输出频率上，水泵加速运行，供水量增大，水压回升到设定值；当用水量较小时，水压上升，水压变送器信号大于设定信号，经变频器内部 PID 调节后，变频器输出频率下降，水泵减速运行，供水量减少，水压下降到设定值。这样使供水系统始终保持恒压供水。

2. 一拖多变频恒压供水系统

“一拖多”变频恒压供水系统涉及压力 PID 控制、工频和变频的逻辑切换、轮换控制等功能，所以需要由专门的程序控制来实现。目前流行的“一拖多”变频供水系统主要有以下三种方式：PLC 控制变频恒压供水系统、微型计算机控制变频恒压供水系统、供水专用变频器供水系统。

（1）1 控 X 切换运行控制

以 1 控 3 为例，如图 3—3—2 所示：设 3 台水泵分别为 1 号泵、2 号泵和 3 号泵，工作过程如下：

1）先由变频器启动 1 号泵运行，当用水量增大，1 号泵工作频率已经达到 50 Hz，而压力仍不足时，将 1 号泵切换成工频运行，再由变频器启动 2 号泵，供水系统处于“1 工 1 变”的运行状态；当 2 号泵变频器的工作频率又已达到 50 Hz，而压力仍不足时，则将 2 号泵也切换成工频运行，再由变频器启动 3 号泵，供水系统处于“2 工 1 变”的运行状态。

2）当用水量减少时，变频器的工作频率已经降至下限频率，而压力仍偏高时，将 1 号泵停机，供水系统又处于“1 工 1 变”的运行状态；当变频器的工作频率又降至下限频率，而压力仍偏高时，将 2 号泵也停机，供水系统又回复到 1 台泵变频运行的状态。这种控制方式使 3 台泵的工作时间比较均匀，设备费用较少。

（2）1 控 1 切换的恒压供水系统

1 控 1 切换即每台水泵都有一台变频器来控制，这时必须指定一台泵为主泵。以 3 台泵为例，1 号泵为主泵，工作过程如下：

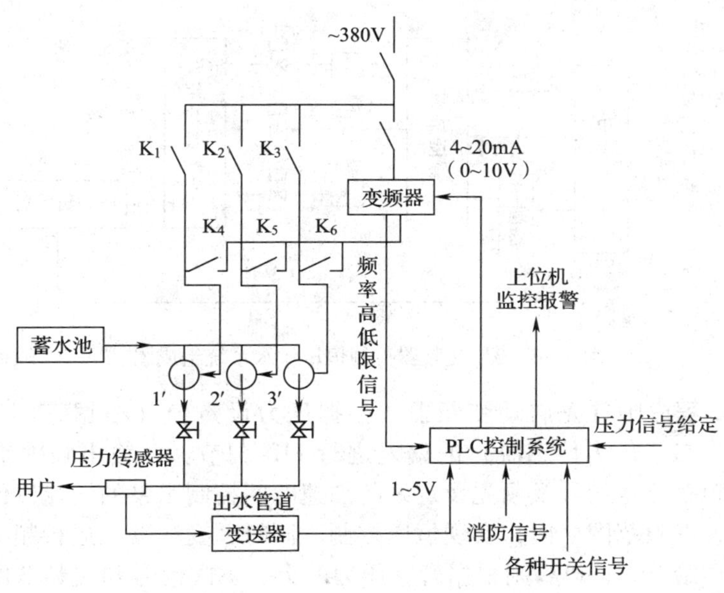

图 3—3—2　1 控 X 切换的恒压供水系统框图

1）启动 1 号主泵，进行变频控制。

2）当 1 号泵变频器的输出频率已经上升到 50 Hz，而水压仍不足时，2 号泵启动并升速，1 号泵和 2 号泵同时进行变频控制。

3）当 1 号泵和 2 号泵同时运行，但是 2 号泵变频器输出频率又上升到 50 Hz，水压还是不足时，3 号泵启动并升速，使 3 台泵同时进行变频控制。

4）当 1 号泵的变频器输出频率下降到下限频率（假设下限频率 20 Hz），而水压偏高时，2 号泵减速并停止，进入 1 号泵和 3 号泵变频控制状态。

5）当 1 号泵的变频器输出频率再次下降到下限频率时，而水压仍偏高，3 号泵减速并停止，进入 1 号泵独立工作状态。这种方案的一次投资费用较高，但节能效果十分显著，可以很快收回成本。

二、一拖三变频恒压供水系统

1．系统组成

本任务采用 PLC 控制 3 台水泵构成的变频器控制恒压供水系统，组成如图 3—3—3 所示。整个系统由三台水泵，一台变频调速器，一台 PLC 和一个压力传感器及若干辅助部件构成。三台水泵中每台泵的出水管均装有手动阀，以供维修和调节水量之用，三台泵协调工作以满足供水需要；变频供水系统中检测管路压力的压力传感器一般采用电阻式传感器（反馈 0 ~ 5 V 电压信号）或压力变送器（反馈 4 ~ 20 mA 电流）；变频器是供水系统的核心，通过改变电动机的频率实现电动机的无级调速、无波动稳压的效果和各项功能。

2．系统工作过程

合上低压断路器，供水系统投入运行。将手动、自动开关打到自动上，系统进入全自

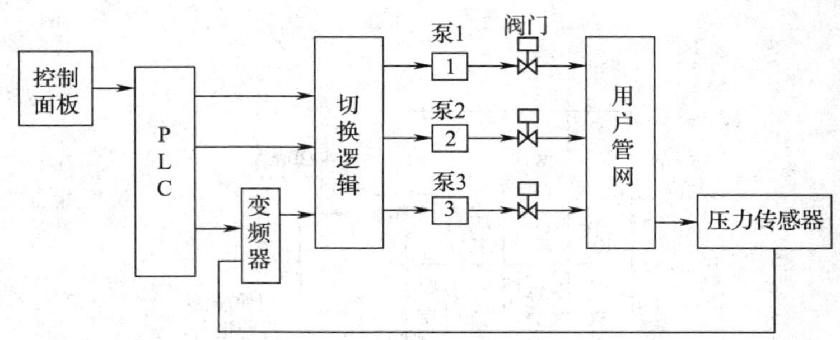

图 3—3—3 变频器控制恒压供水系统组成图

动运行状态，PLC 程序中首先启动变频器。根据压力设定值（根据管网压力要求设定）与压力实际值（来自于压力传感器）的偏差进行 PID 调节，并输出频率给定信号给变频器。变频器根据频率给定信号及预先设定好的加速时间控制水泵的转速以保证水压保持在压力设定值的上、下限范围之内，实现恒压控制。同时，变频器在运行频率到达上限，会将频率到达信号送给 PLC，PLC 则根据管网压力的上、下限信号和变频器的运行频率是否到达上限的信号，由程序判断是否要启动第 2 台泵（或第 3 台泵）。当变频器运行频率达到频率上限值，并保持一段时间，则 PLC 会将当前变频运行泵切换为工频运行，并迅速启动下 1 台泵变频运行。此时 PID 会继续通过由远传压力表送来的检测信号进行分析、计算、判断，进一步控制变频器的运行频率，使管压保持在压力设定值的上、下限偏差范围之内。

（1）增泵工作过程　假定增泵顺序为 1 号泵、2 号泵、3 号泵。开始时，1 号泵电动机在 PLC 控制下先投入调速运行，其运行速度由变频器调节。当供水压力小于压力预置值时，变频器输出频率升高，水泵转速上升，反之下降。当变频器的输出频率达到上限，并稳定运行后，如果供水压力仍没达到预置值，则需进入增泵过程。在 PLC 的逻辑控制下将 1 号泵电动机与变频器连接的电磁开关断开，1 号泵电动机切换到工频运行，同时变频器与 2 号泵电动机连接，控制 2 号泵投入调速运行。如果还没到达设定值，则继续按照以上步骤将 2 号泵切换到工频运行，控制 3 号泵投入变频运行。

（2）减泵工作过程　假定减泵顺序依次为 3 号泵、2 号泵、1 号泵。当供水压力大于预置值时，变频器输出频率降低，水泵转速下降，当变频器的输出频率达到下限，并稳定运行一段时间后，把变频器控制的水泵停机。如果供水压力仍大于预置值，则将下一台水泵由工频运行切换到变频器调速运行，并继续减泵工作过程。如果在晚间用水不多时，当最后一台正在运行的主泵处于低速运行时，如果供水压力仍大于设定值，则停机并启动辅泵投入调速运行，从而达到节能效果。

任务实施

一、任务准备

实施本任务所需的实训设备及工具材料见表 3—3—1。

表 3—3—1　　　　实训设备及工具材料

<table>
<tr><th>序号</th><th>分类</th><th>名称</th><th>型号规格</th><th>数量</th><th>备注</th></tr>
<tr><td>1</td><td>工具</td><td>电工常用工具</td><td>型号自定</td><td>1</td><td></td></tr>
<tr><td>2</td><td>仪表</td><td>万用表</td><td>型号自定</td><td>1</td><td></td></tr>
<tr><td rowspan="11">3</td><td rowspan="11">设备器材</td><td colspan="2">编程计算机（带西门子 S7－200 编程软件）</td><td>1</td><td></td></tr>
<tr><td colspan="2">MM440 系列变频器</td><td>1</td><td></td></tr>
<tr><td colspan="2">S7－200 系列 CPU226 PLC</td><td>1</td><td></td></tr>
<tr><td colspan="2">MM440 系列使用说明书</td><td>1</td><td></td></tr>
<tr><td colspan="2">变频恒压供水实训装置</td><td>1</td><td></td></tr>
<tr><td colspan="2">低压断路器 DZ47－603P 32A</td><td>1</td><td></td></tr>
<tr><td colspan="2">交流接触器 CJX2－1210</td><td>6</td><td></td></tr>
<tr><td colspan="2">按钮 LA19－11</td><td>14</td><td></td></tr>
<tr><td colspan="2">2 挡选择开关 XB5 AD21C</td><td>1</td><td></td></tr>
<tr><td colspan="2">热继电器 JR20－10</td><td>3</td><td></td></tr>
<tr><td colspan="2">连接导线</td><td>若干</td><td></td></tr>
</table>

二、PLC 输入/输出地址分配

根据变频恒压供水控制系统电路图可知，PLC 输入/输出地址见表 3—3—2。

表 3—3—2　　　　输入/输出地址分配表

输入信号			输出信号		
名称	元件代号	地址	名称	元件代号	地址
自动启动	SB8	I0.0	接触器	KM0	Q0.0
自动停止	SB9	I0.1	接触器	KM1	Q0.1
频率下限	K1	I0.3	接触器	KM2	Q0.2
频率上限	K2	I0.2	接触器	KM3	Q0.3
M1 过载	KH1	I0.4	接触器	KM4	Q0.4
M2 过载	KH2	I0.5	接触器	KM5	Q0.5
M3 过载	KH3	I0.6	接触器	KM6	Q0.6
1 号泵工频启动	SB1	I0.7	正转启动端子	KM7	Q0.7
1 号泵变频启动	SB2	I1.0	报警灯		Q1.0
2 号泵工频启动	SB3	I1.1			
2 号泵变频启动	SB4	I1.2			
3 号泵工频启动	SB5	I1.3			
3 号泵变频启动	SB6	I1.4			
手动/自动	SB7	I1.5			
手动变频器启动	SB10	I1.6			

三、设计与绘制电路图

1．主电路图

本系统由3台水泵电动机构成，每台水泵电动机均能实现变频—工频切换，主电路如图3—3—4所示。电路中电动机有两种工作模式：在工频下运行和在KM6接通时变频下运行。KM1、KM3、KM5分别为电动机M1、M2、M3变频运行时的控制接触器，KM0、KM2、KM4分别为电动机M1、M2、M3工频运行时接通电源的控制接触器。

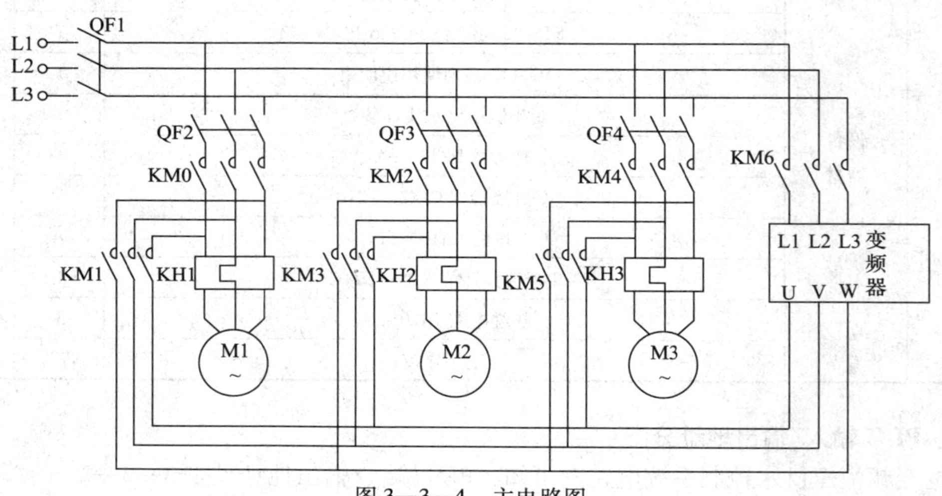

图3—3—4　主电路图

2．变频器的控制电路图

根据设计的要求，变频器选用西门子MM440变频器，变频器的接线如图3—3—5所示。KM7常开控制电动机的正转，X2接变频器的23脚接口，X3接变频器的18脚接口。频率检测的上/下限信号分别通过变频器继电器输出23脚和18脚输出至PLC的0.2与0.3输入端，作为PLC增泵和减泵控制信号。压力传感器输出4～20 mA电流信号反馈到变频器3脚。由变频器10脚输入0～10 V目标信号。

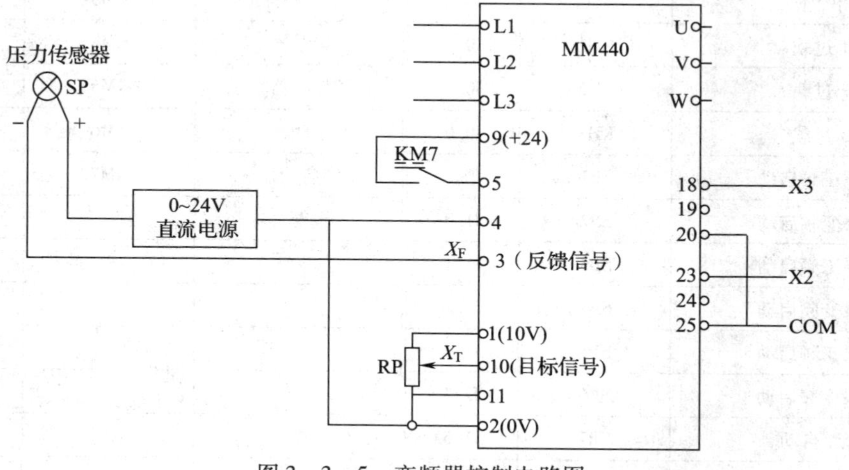

图3—3—5　变频器控制电路图

3. PLC 控制电路图

水泵电动机 M1、M2、M3 可变频运行，也可工频运行，需 PLC 的 6 个输出点，变频器的运行与关断由 PLC 的 1 个输出点控制，控制变频器使电动机正转需 1 个输出信号控制，报警灯的控制需要 1 个输出点，输出点数量一共有 9 个。控制启动和停止需要 2 个输入点，变频器极限频率的检测信号占用 PLC2 个输入点，系统自动/手动启动需 1 个输入点，手动控制电动机的工频/变频运行需 6 个输入点，控制系统停止运行需 1 个输入点，检测电动机是否过载需 3 个输入点，共需 15 个输入点。系统所需的输入/输出点数量共为 24 个点。本系统选用西门子 S7－200 系列 CPU226 PLC。如图 3—3—6 所示为 PLC 控制接线图。

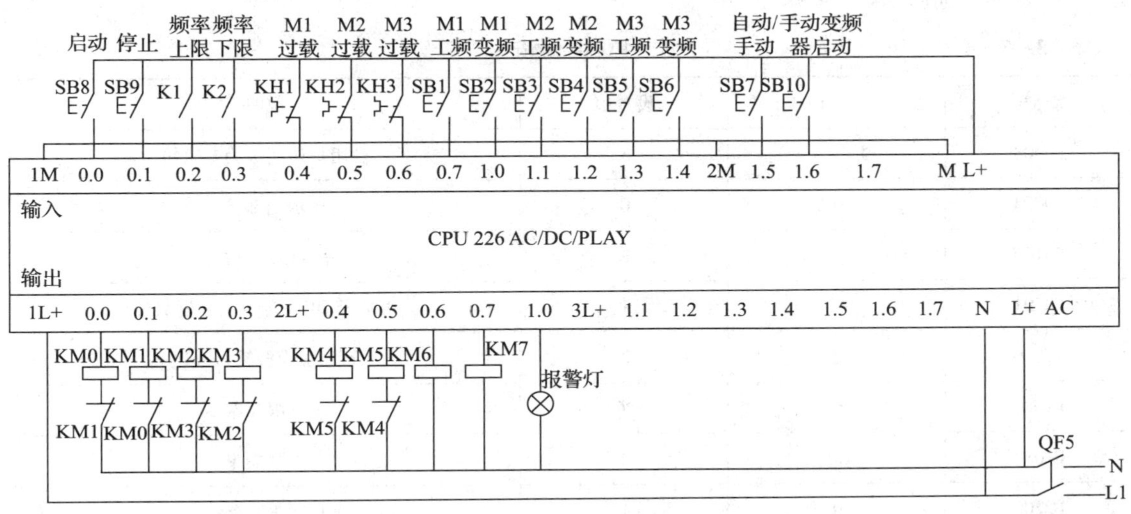

图 3—3—6　PLC 控制接线图

四、安装与配线

根据绘制电路图进行电路安装与配线，并符合工艺要求。配线完毕后，再自行检查线路是否配线正确。

五、变频器参数设置

1. 参数复位

恢复变频器工厂默认值，设定 P0010＝30 和 P0970＝1，按下 P 键，开始复位，复位时间大约为 10 s，这样就保证了变频器的参数恢复到工厂默认值。

2. 设置电动机参数（见表 3—3—3）

表 3—3—3　　电动机参数设置

参数号	出厂值	设置值	说明
P0003	1	1	设用户访问级为标准级
P0010	0	1	快速调试
P0100	0	0	功率以 kW 表示，频率为 50 Hz
P0304	230	380	电动机额定电压（V）
P0305	3.25	6	电动机额定电流（A）

续表

参数号	出厂值	设置值	说明
P0307	0.75	3	电动机额定功率（kW）
P0310	50	50	电动机额定频率（Hz）
P0311	0	1 400	电动机额定转速（r/min）

电动机参数设置完成后，设 P0010 = 0，变频器当前处于准备状态，可正常运行。

3．设置控制参数（见表 3—3—4）

表 3—3—4　　控制参数表

参数号	出厂值	设置值	说明
P0003	1	3	设用户访问级为专家级
P0004	0	0	显示全部参数
P0700	2	2	命令由端子控制
P0701	1	1	由端子 DIN1 控制变频器启停
P1000	2	2	频率由模拟输入设定
P1080	0	20	下限频率
P1082	50	50	上限频率
P2200	0	1	PID 功能有效
P0731	52.3	53.6	实际频率等于上限频率
P0733	52.3	53.2	实际频率低于下限频率

4．设置目标参数（见表 3—3—5）

表 3—3—5　　目标参数表

参数号	默认值	设置值	参数说明
P0003	1	3	设用户访问级为专家级
P0004	0	0	显示全部参数
P2253	0	755.1	模拟通道 2 设定目标值
P2240	10	70	目标值设定为 70%
P2255	100	100	PID 设定增益系数
P2256	100	0	PID 微调增益系数
P2257	1	1	设定上升时间为 1 s
P2258	1	1	设定下降时间为 1 s

5．设置反馈参数（见表3—3—6）

表3—3—6　　反馈参数表

参数号	出厂值	设置值	说明
P0003	1	3	设用户访问级为专家级
P0004	0	0	参数过滤显示全部参数
P2264	755.0	755.0	PID 反馈信号由 AIN1 +（即模拟输入 1）设定
* P2265	0	0	PID 反馈信号无滤波
* P2267	100	100	PID 反馈信号的上限值（%）
* P2268	0	0	PID 反馈信号的下限值（%）
* P2269	100	100	PID 反馈信号的增益（%）
* P2270	0	0	不用 PID 反馈器的数学模型
* P2271	0	0	PID 传感器的反馈形式为正常

6．设置 PID 参数（见表3—3—7）

表3—3—7　　PID 参数表

参数号	出厂值	设置值	说明
P0003	1	3	设用户访问级为专家级
P0004	0	0	参数过滤显示全部参数
* P2280	3	25	PID 比例增益系数
* P2285	0	5	PID 积分时间
* P2291	100	100	PID 输出上限（%）
* P2292	0	0	PID 输出下限（%）
* P2293	1	1	PID 限幅的斜坡上升/下降时间（s）

六、PLC 控制及编程

1．PLC 控制

PLC 在系统中的作用是控制交流接触器组进行工频—变频的切换和水泵工作数量的调整，工作流程如图3—3—7 所示。系统启动之后，检测是自动运行模式还是手动运行模式。如果是手动运行模式则进行手动操作，操作员根据自己的需要操作相应的按钮，系统根据按钮执行相应操作。如果是自动运行模式，则系统根据程序及相关的输入信号执行相应的操作。在自动运行模式中，如果 PLC 接到频率上限信号，则执行增泵程序，增加工作水泵的数量。如果 PLC 接到频率下限信号，则执行减泵程序，减少工作水泵的数量。没接到信号就保持现有的运行状态。

（1）手动运行

当把 SB7 开关切换到手动方式下，按下 SB10 按钮，手动启动第一台电动机的变频运行。当系统压力不够，需要增加泵时，按下 SBn（$n=1, 3, 5$）按钮，此时切断电动机的变频运行，同时启动电动机工频运行，再启动下一台电动机变频运行。为了在变频向工频切换时保

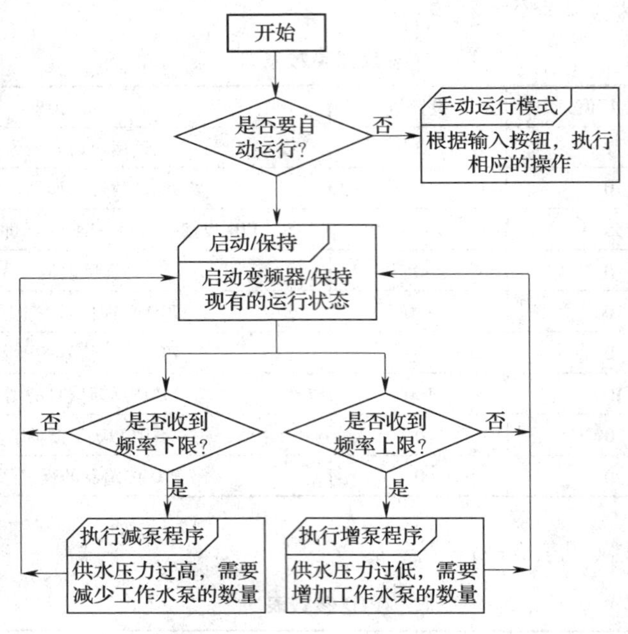

图 3—3—7　PLC 程序流程图

护变频器免受工频电压的反向冲击，在切换时，用时间继电器做了时间延迟。当压力过大时，可以手动按下 SBn（n=2，4，6）按钮，切断工频运行的电动机，同时启动电动机的变频运行。可根据需要，停按不同电动机对应的启停按钮，可以依次实现手动启动和手动停止三台水泵。

（2）自动运行

由 PLC 分别控制某台电动机工频或变频运行，在条件成立时，进行增泵升压和减泵降压控制。

当把 SB7 开关切换到自动方式下，按下 SB8 按钮，系统自动启动，如图 3—3—4 所示电路图中 KM1 闭合，第一台电动机以变频方式运行，当变频器的运行频率超出设定的上限频率信号后，PLC 通过这个上限频率信号将第一台电动机由变频运行转为工频运行，KM1 断开，KM0 吸合，同时 KM3 吸合，变频启动第二台电动机。

如果再次接收到变频器上限频率信号，则 KM3 断开，KM2 吸合，第二台电动机由变频转为工频运行，同时 KM5 吸合，第三台电动机变频启动。

如果变频器频率偏低，即压力过高，输出的下限频率信号使 PLC 关闭 KM5，停止第三台电动机运行，同时关闭 KM2，开启 KM3，使第二台电动机由工频转换成变频启动。当再次接到下限频率信号时，关闭 KM3 和 KM0，吸合 KM1，只剩第一台电动机变频运行。

2. PLC 编程

（1）总程序的顺序功能图

总程序的顺序功能图如图 3—3—8 所示。系统分为自动运行和手动运行两部分。

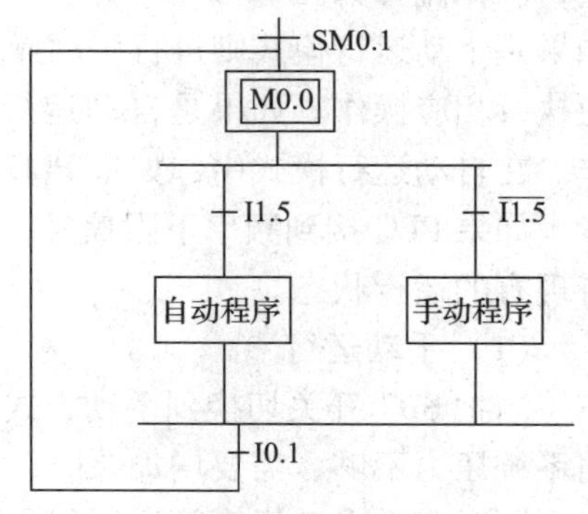

图 3—3—8　总程序的顺序功能图

（2）自动运行顺序功能图

如图 3—3—9 所示为系统自动运行顺序功能图。

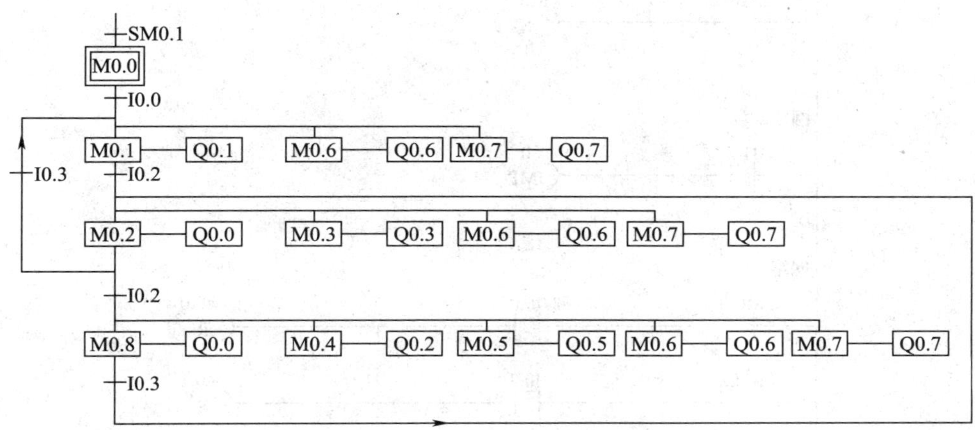

图 3—3—9　自动运行顺序功能图

（3）手动运行顺序功能图

如图 3—3—10 所示为手动运行顺序功能图。

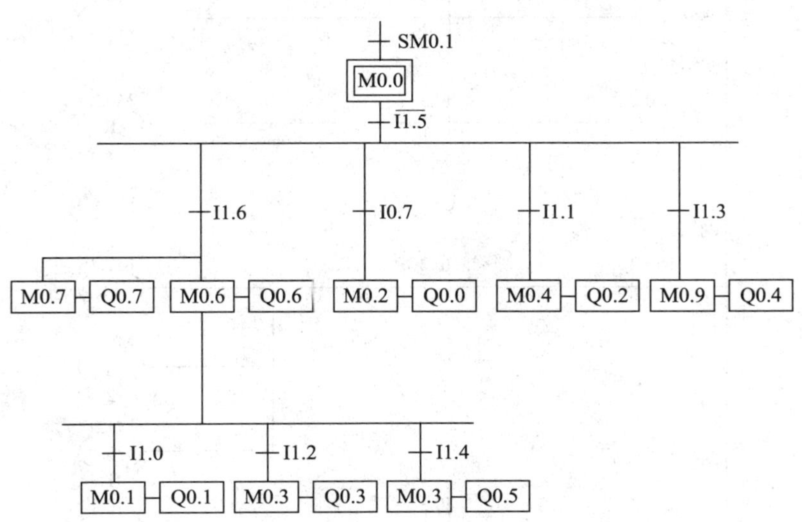

图 3—3—10　手动运行顺序功能图

（4）PLC 梯形图

1）自动运行梯形图如图 3—3—11 所示。

2）手动运行梯形图如图 3—3—12 所示。

3）公用部分梯形图如图 3—3—13 所示。

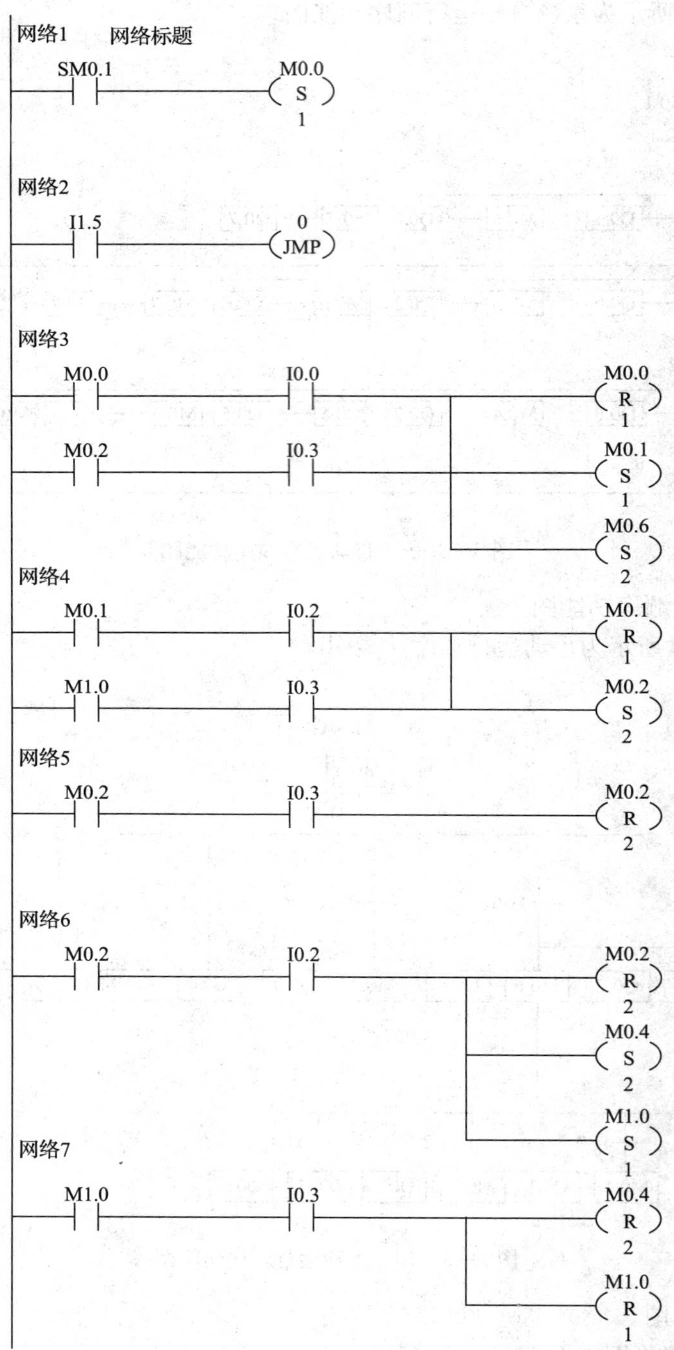

图 3—3—11 自动运行梯形图

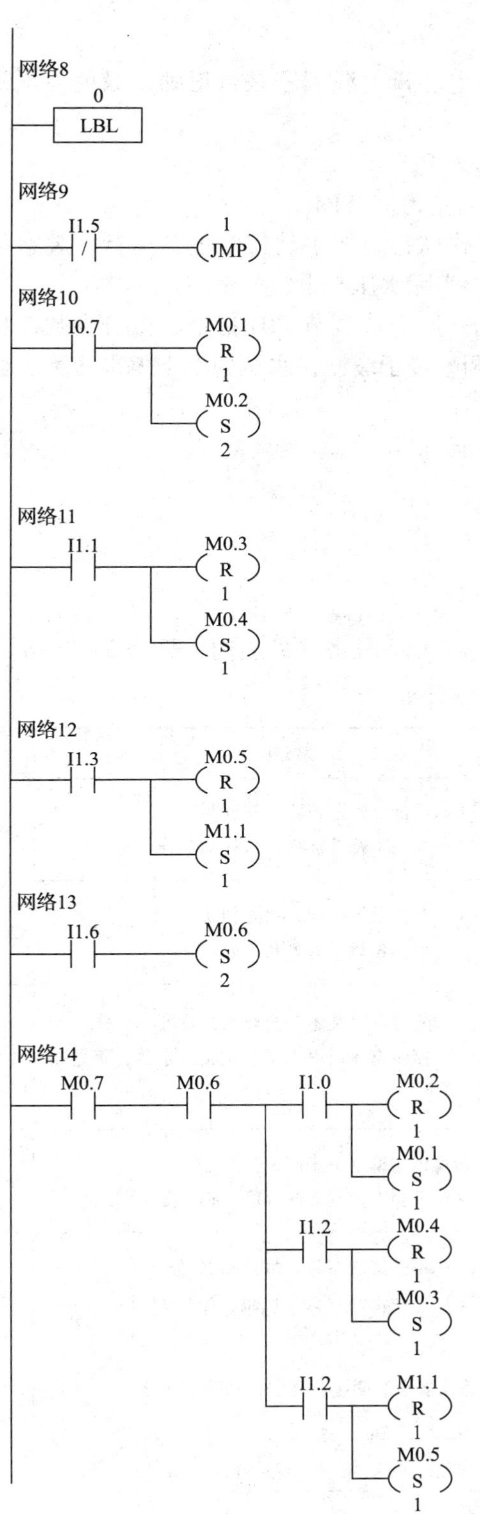

图 3—3—12 手动运行梯形图

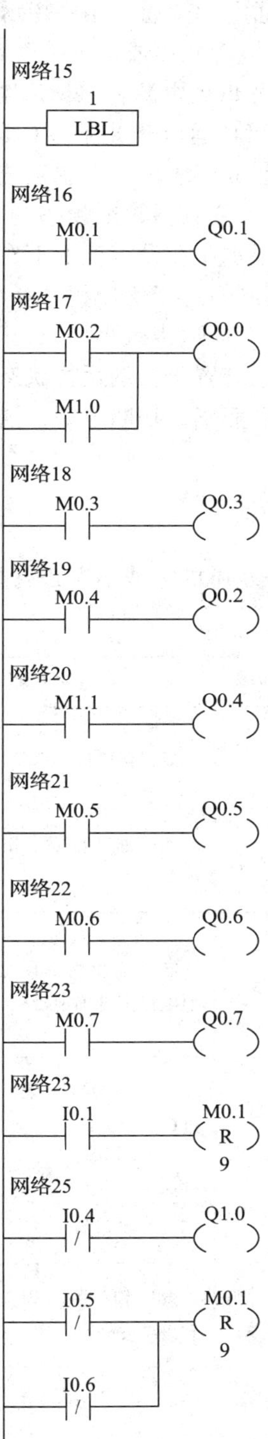

图 3—3—13 公用部分梯形图

七、联机调试

1．接通电源。通过相序指示灯检查水泵电动机电源相序是否正确，绿色为正常，红色则需要更换电源相序或检查是否有断相。

2．接通 PLC 电源，将梯形图参考程序写入 PLC。

3．将 PLC 运行开关保持 ON，设定水压调整为 10 kPa。

4．将变频恒压供水控制系统置于手动工作状态，按手动控制设备运行，观察各设备运行是否正常，变频器输出频率是否相对平稳，实际水压与设定的偏差。

5．如果水压在设定值上下有剧烈的抖动，则应该调节 PID 指令的微分参数，将值设定得小一些，同时适当增加积分参数值。如果调整过于缓慢，水压的上下偏差很大，则系统比例常数太大，应适当减小。

6．将系统置于自动运行状态测试其他功能。

7．实训完毕，切断电源，清扫场地。

任务测评

对任务实施的完成情况进行检查，并将结果填入任务测评表内，见表 3—3—8。

表 3—3—8　　任务测评表

序号	考核内容	考核要求	评分标准	配分	得分
1	电路设计	能根据项目要求设计电路	（1）设计电路不正确，每处扣 5 分 （2）画图不符合标准，每处扣 2 分	30 分	
2	参数设置	能根据项目要求正确设置变频器参数	（1）参数设置错误，每处扣 5 分 （2）漏设参数，每处扣 5 分	20 分	
3	接线	能正确使用工具及仪表，按照电路图准确地接线	（1）元器件安装不符合要求，每处扣 2 分 （2）接线有违反电工手册相关规定的，每处扣 2 分	10 分	
4	PLC 编程	能根据项目要求，正确编制 PLC 控制程序	（1）程序编制不正确，扣 5 分 （2）不会上传、下载程序，扣 5 分	10 分	
5	调试	能正确进行参数设置，现场调试变频器的运行	（1）不会修改参数，每处扣 10 分 （2）不能正确调试变频器，每处扣 10 分	30 分	
6	安全文明生产	参照相关的法规，确保人身和设备安全	违反安全文明生产规程，扣 5～10 分		
备注			合计		
			教师签字：		

思考与练习

某变频恒压供水控制系统由变频器、PLC 和两台水泵构成。现利用变频器控制电路的 PID 等相关功能和 PLC 配合实施变频器“一拖二”自动恒压供水系统的设计、安装与调试。

1. 系统具有如下控制要求

(1) 具有自动/手动切换功能。变频器故障时，可切换到手动控制水泵运行。

(2) 由 PLC 与变频器协调控制水泵电动机的启动/停止、正转和调速。

(3) 变频器采用远方控制方式。

(4) 通过母管压力变送器测得实际压力大小，同时和压力给定组成闭环控制。

(5) 变频器的运行状态指示（如运行、停止、过流、低压等）。

(6) 变频器的报警处理。

2. 系统控制过程

水路管网压力低时，变频器启动 1 号泵，至全速运行一段时间后，由远传压力表来的压力信号仍未到达设定值时，PLC 控制 1 号泵由变频切换到工频运行，然后变频器启动 2 号泵运行，根据管网压力情况随机调整 2 号泵的转速，来达到恒压供水的目的。当用水量变小，管网压力变高时，2 号泵降为零速时，管网压力仍高，则 PLC 控制停掉 1 号工频泵，由 2 号泵实施恒压供水。当管网压力又低时，将 2 号泵由变频切换为工频运行，变频器启动 1 号泵，调整 1 号泵的转速，如此循环。

课题四　物料传送与分拣生产线变频调速控制

现代社会生产的多元化，使各行各业竞争尤为激烈，物流行业同样如此。目前，许多物流企业仍采用人工分拣作业，劳动强度大、效率低。为了克服这些缺点，同时满足能对不同材质、颜色的物料进行自动分类的物料分拣，出现了以 PLC、变频器为主控制器的物料分拣控制系统。变频器以其良好的调速特性、与 PLC 配合的精确控制性能等优点，在实现物料分拣生产线连续、大批量分拣货物，高效运行且分拣误差率低等方面扮演着重要的角色。

任务 1　物料传送与分拣生产线控制系统

学习目标

1. 会连接常用基本气动回路。
2. 能正确设置变频器参数。
3. 能设计物料检测生产线的 PLC 控制程序。
4. 能正确完成物料传送与分拣生产线控制系统的安装与调试。

任务引入

物料检测生产线装置如图 4—1—1 所示。当传送带入料口人工放下已装配的工件并按下

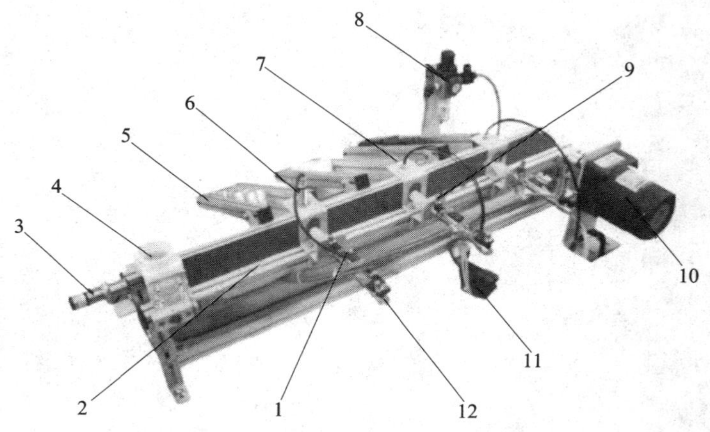

图 4—1—1　物料检测生产线装置

1—磁性开关—C73　2—传送分拣机构　3—落料口传感器　4—落料口　5—料槽
6—电感式传感器　7—光纤传感器　8—过滤调压阀　9—节流阀
10—三相异步电动机　11—光纤放大器　12—推料气缸

启动按钮时变频器启动，驱动传动电动机以频率固定为 30 Hz 的速度，把工件带往分拣区。如果工件为金属料件，则该工件到达 1 号滑槽中间，传送带停止，工件被推到 1 号槽中；如果工件为白色塑料件，则该工件到达 2 号滑槽中间，传送带停止，工件被推到 2 号槽中；如果工件为黑色塑料件，则该工件到达 3 号滑槽中间，传送带停止，工件被推到 3 号槽中。工件被推出滑槽后，该工作单元的一个工作周期结束。仅当工件被推出滑槽后，才能再次向传送带下料。

因此，本任务是在该传送装置上完成对白色芯金属工件、白色芯塑料工件和黑色芯的金属或塑料工件进行分拣练习。

相关知识

1. 本装置主要部分

（1）落料孔。物料落料位置定位。

（2）料槽。放置物料。

（3）电感式传感器。检测金属材料，检测距离为 3 ~5 mm。

（4）光纤传感器。用于检测不同颜色的物料，可通过调节光纤放大器来区分不同颜色的灵敏度。

（5）三相异步电动机。驱动传送带转动，由变频器控制。

（6）推料气缸。将物料推入料槽，由电控气阀控制。

（7）落料口传感器。检测是否有物料到传送带上，并给 PLC 一个输入信号。

2. 工作原理

物料传送过程中，要能实现物料的分拣与准确入仓，则需工件准确地停止，实现定位。要想得到比较准确的位置，首先就要正确设置变频器的减速时间，使其在接收到停止信号后能够准确地停下来。当传送带上有物料时，电动机启动后物料到推料一处时传感器是否接通，如果接通则判断是金属材料，马上驱动推料一推杆，当物料已推到位时（到位判断就是当推料一的推杆前限接通时），马上复位推料一推杆电磁阀并复位传送带电动机，若没有接通则传送带继续传送物料。当输送到推料二时，看白色物料的传感器是否接通（白色物料传感器是光电传感器，把灵敏度调低的时候），接通时马上驱动推料二推杆，当物料已推到位时（到位判断就是当推料二的推杆前限接通时），马上复位推料二推杆电磁阀并复位传送带电动机，若没有接通则传送带继续传送物料。到推料三时就只可能剩下黑色的，只要有东西时就可以推出（黑色传感器就是光电传感器，把灵敏度调高的时候），当物料已推到位时（到位判断就是当推料三的推杆前限接通时），马上复位推料三推杆电磁阀并复位传送带电动机。

任务实施

一、任务准备

本任务所需实训设备及工具材料见表 4—1—1。

表 4—1—1　　实训设备及工具材料

序号	分类	名称	型号规格	数量	备注
1	工具	电工常用工具	型号自定	1	
2	仪表	万用表	型号自定	1	
3	设备器材	编程计算机（带 S7－200 编程软件）		1	
		西门子 MM420 系列变频器		1	
		西门子 S7－200 226 系列 PLC		1	
		通信电缆		1	
		西门子 MM420 系列变频器使用说明书		1	
		物料检测生产线装置		1	
		低压断路器 DZ47－60 /3P D20		1	
		DC24 V 稳压电源		1	
		指示灯 AD16－22D DC24 V		2	
		连接导线		若干	
		安装配电盘 600 mm×900 mm		1	

二、系统输入/输出地址分配

本任务可只用一种运行速度，根据该物料传送单元编制 PLC 的 I/O 地址分配，见表 4—1—2。

表 4—1—2　　输入/输出地址分配表

序号	地址	作用	序号	地址	作用
1	I0.0	启动	1	Q0.0	驱动推料一伸出
2	I0.1	停止	2	Q0.1	驱动推料二伸出
3	I0.2	推料一伸出限位传感器	3	Q0.2	驱动推料三伸出
4	I0.3	推料一缩回限位传感	4	Q0.3	报警
5	I0.4	推料二伸出限位传感器	5	Q0.4	运行指示
6	I0.5	推料二缩回限位传感器	6	Q0.5	停止指示
7	I0.6	推料三伸出限位传感器	7	Q0.6	驱动变频器端子 5
8	I0.7	推料三缩回限位传感			
9	I1.0	启动推料一传感器			
10	I1.1	启动推料二传感器			
11	I1.2	启动推料三传感器			
12	I1.3	物料检测传感器			

三、系统接线

1. 根据 PLC 输入/输出地址分配情况，绘制出 PLC、变频器外部接线图，如图 4—1—2 所示。

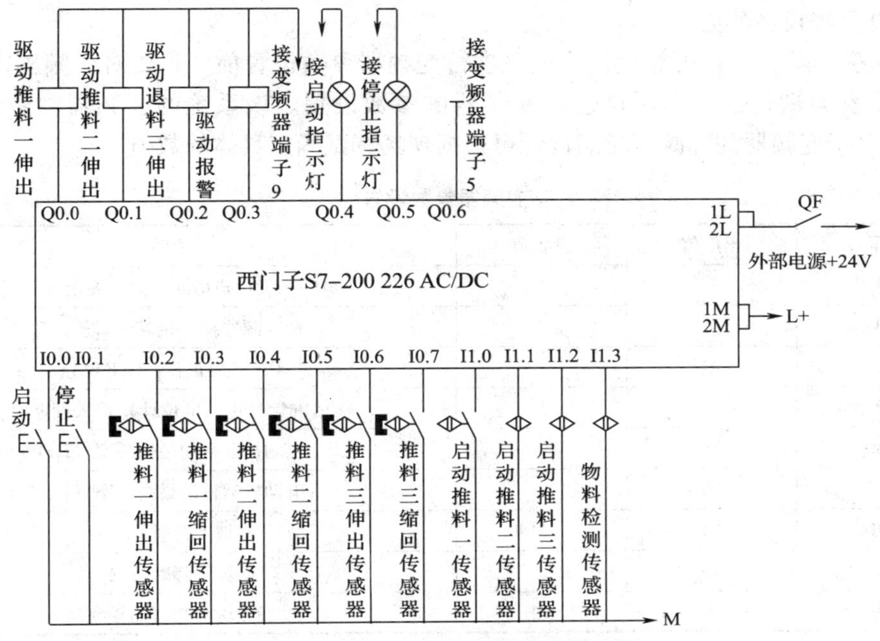

图 4—1—2　PLC、变频器外部接线图

2. 气动回路的连接

分拣单元的电磁阀组使用了 3 个由二位五通带手控开关的单电控电磁阀，它们安装在汇流板上。这三个阀分别对三个出料槽的推动气缸的气路进行控制，以改变各自的动作状态。根据气动控制回路的工作原理如图 4—1—3 所示，从汇流排开始，正确连接电磁阀、气缸。连接时注意气管走向，应按序排布，均匀美观，不能交叉、打折；气管要在快速接头中插紧，不能够有漏气现象。

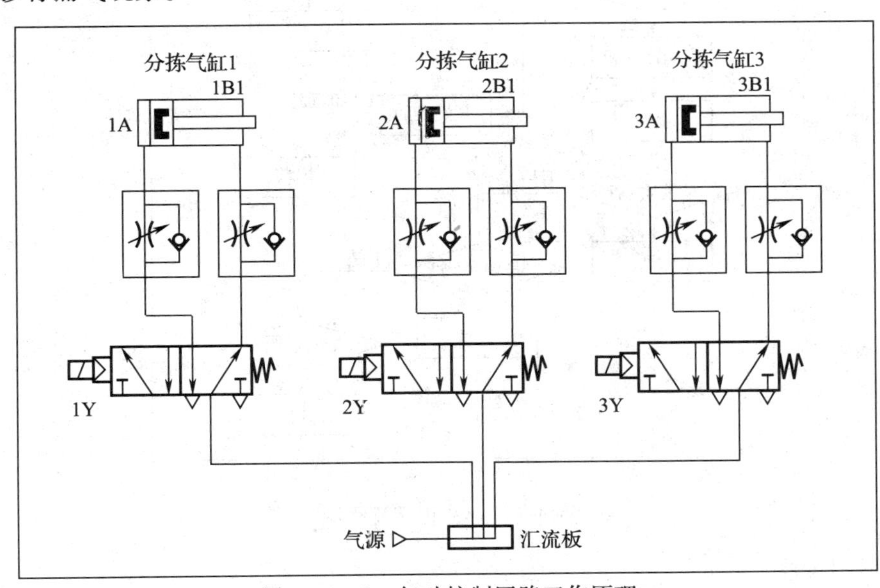

图 4—1—3　气动控制回路工作原理

四、设置变频器参数

为确保变频器的运行可靠性，一般在进行变频器参数设置前，先要对变频器进行复位，使各参数恢复为默认值，然后再进行变频器的参数设置。该系统的变频器参数设置见表4—1—3。对于变频器的加减速时间设计可根据现场调试确定具体的数值。

表4—1—3　　变频器参数设置

参数号	出厂值	设置值	说明
P0003	1	1	设用户访问级为扩展级
P0700	2	2	命令源选择“由端子排输入”
* P0701	1	1	ON 接通正转，OFF 停止
P1000	2	1	由键盘（电动电位计）输入设定值
* P1080	0	0	电动机运行的最低频率（Hz）
* P1082	50	50	电动机运行的最高频率（Hz）
* P1120	10	5	斜坡上升时间（s）
* P1121	10	5	斜坡下降时间（s）
* P1040	5	30	设定键盘控制的频率值

五、编制 PLC 控制程序

1．程序流程图

根据本任务的功能要求，编制程序流程图如图4—1—4所示。

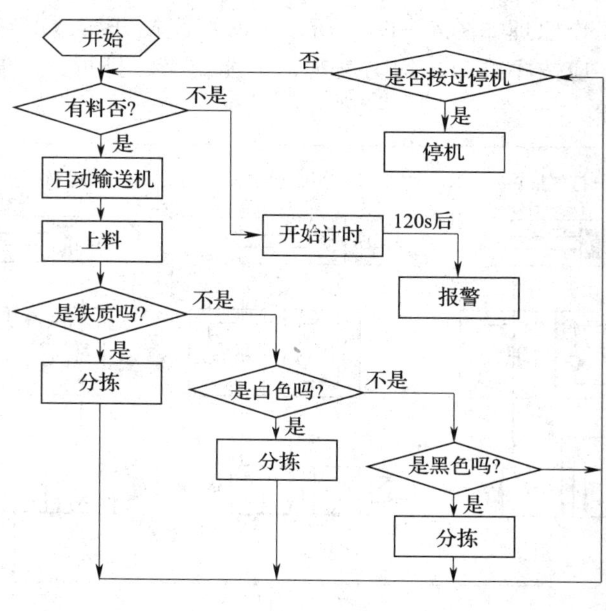

图4—1—4　程序流程图

2．梯形图程序

根据程序流程图编制物料检测生产线控制系统的 PLC 程序，如图4—1—5所示。

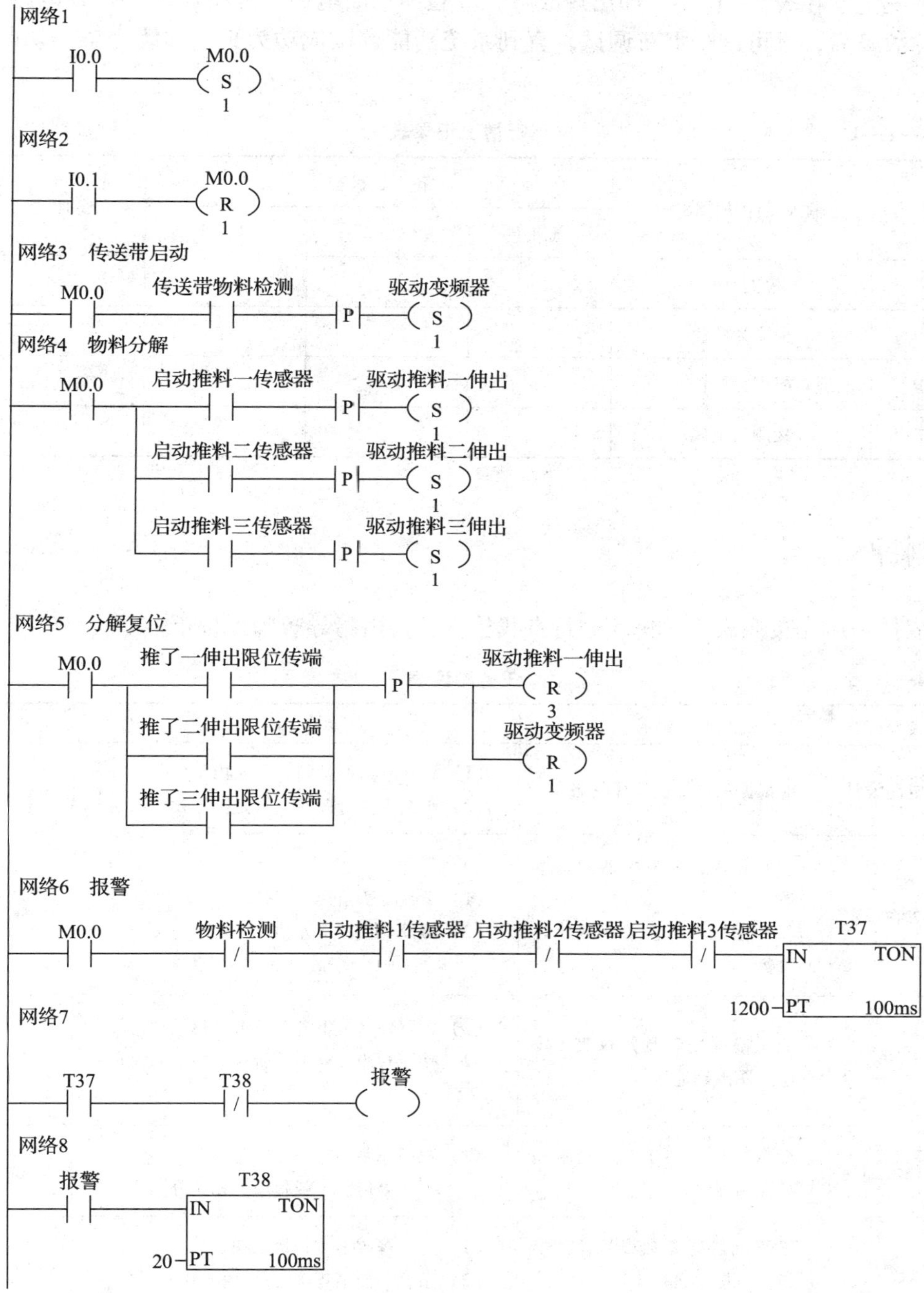

网络1

I0.0 M0.0 (S) 1

网络2

I0.1 M0.0 (R) 1

网络3 传送带启动

M0.0 传送带物料检测 P 驱动变频器 (S) 1

网络4 物料分解

M0.0

启动推料一传感器 P 驱动推料一伸出 (S) 1

启动推料二传感器 P 驱动推料二伸出 (S) 1

启动推料三传感器 P 驱动推料三伸出 (S) 1

网络5 分解复位

M0.0

推了一伸出限位传端

推了二伸出限位传端

推了三伸出限位传端

P 驱动推料一伸出 (R) 3

驱动变频器 (R) 1

网络6 报警

M0.0 物料检测 / 启动推料1传感器 / 启动推料2传感器 / 启动推料3传感器 / T37 IN TON

1200 PT 100ms

网络7

T37 T38 / 报警 ( )

网络8

报警 T38 IN TON

20 PT 100ms

图 4—1—5 PLC 控制程序

六、联机调试

安装好控制系统的主电路和控制电路，设置好变频器的相应参数后，将编译成功的控制程序下载到 PLC 主机，并将 PLC 程序运行开关拨向“RUN”状态，然后进行联机调试，并将运行情况记录在表 4—1—4。如出现故障，应立即切断电源，分析原因，检查电路或梯形图，排除故障后，方可进行重新调试，直到系统功能调试成功为止。训练完毕，切断电源，清理现场。

表 4—1—4　　运行情况记录表

步骤	输入元件动作情况	各气缸状态			电动机运行状态
		气缸 1	气缸 2	气缸 3	
第一步	检测有料				
第二步	检测为白色				
第三步	检测为黑色				
第四步	检测为金属				

任务测评

完成任务后先按照表 4—1—5 进行自我检查，再由指导教师评价审核。

表 4—1—5　　任务测评表

序号	考核内容	考核要求	评分标准	配分	得分
1	电路设计	能根据项目要求设计电路	（1）设计电路不正确，每处扣 5 分 （2）画图不符合标准，每处扣 2 分	10 分	
2	参数设置	（1）正确设置变频器的基本参数 （2）正确计算设置加减速时间参数	（1）参数设置错误，每处扣 5 分 （2）漏设参数，每处扣 5 分	30 分	
3	接线	能正确使用工具及仪表，按照电路图准确地接线	（1）元器件安装不符合要求，每处扣 2 分 （2）接线有违反电工手册相关规定的，每处扣 2 分	10 分	
4	PLC 编程	能根据项目要求，正确编制 PLC 控制程序	（1）程序编制不正确，扣 5 分 （2）不会上传、下载程序，扣 5 分	20 分	
5	调试	能正确进行参数设置，现场调试变频器的运行	（1）不会修改参数，每处扣 5 分 （2）系统功能不正确，每处扣 10 分	30 分	
6	安全文明生产	参照相关的法规，确保人身和设备安全	违反安全文明生产规程，扣 5 ~ 10 分		
备注			合计		
			教师签字：		

思考与练习

在完成本课题任务基础上，加入声光报警装置，当传送带运行 10 s 后，没有检测到物料或变频器发生故障报警时，则传送带停止并发出间隔 1 s 的报警闪烁。

根据要求完成电路图的设计、PLC 程序编写、变频器参数设置，并完成系统的安装与调试。

任务 2　基于 USS 协议网络控制变频器运行

学习目标

1. 理解 USS 通信及硬件连接。
2. 理解 USS 协议专用指令。
3. 能正确设置变频器参数。
4. 能够独立完成 PLC 通过 USS 协议网络控制变频器的运行。

任务引入

本任务是用 PLC 通过 USS 协议网络控制任务 1 中物料传送系统中变频器的运行。控制要求是 S7－200 PLC 通过 USS 协议网络控制 MM440 变频器，控制电动机的启动、制动停止、自由停止和正反转，并能够通过 PLC 读取变频器参数、设置变频器参数。

相关知识

西门子变频器都有一个串行通信接口，采用 RS－485 半双工通信方式，以 USS 通信协议传递信息。西门子公司专门提供了 USS 协议指令库，使用指令库中的 USS 指令编程，使得 PLC 对变频器的控制变得非常方便。使用 USS 协议的优点如下：

1. USS 协议对硬件设备要求低，减少了设备之间布线的数量。
2. 无须重新布线就可以改变控制功能。
3. 可通过串行接口设置来修改变频器的参数。
4. 可连续对变频器的特性进行监测和控制。
5. 利用 S7－200 CPU 组成 USS 通信的控制网络具有较高的性价比。

一、USS 通信及硬件连接

USS 通信总是由主站发起，USS 主站不断循环轮询各个从站，从站根据收到的指令，决定是否以及如何响应。从站永远不会主动发送数据。

1. S7－200 CPU 通信接口

S7－200 CPU 上的通信口是与 RS－485 兼容的 D 型连接器，其通信口的引脚分配及定义见表 4—2—1。

表 4—2—1　　　　S7－200 CPU 上的通信接口的引脚定义

连接器	引脚	PROFIBUS 名称	端口 0/端口 1
	1	屏蔽	机壳接地
	2	24 V 返回逻辑地	逻辑地
	3	RS－485 信号 B	RS－485 信号 B
	4	发送申请	RTS（TTL）
	5	5 V 返回	逻辑地
	6	+5 V	+5 V，100 Ω 串联电阻
	7	+24 V	+24 V
	8	RS－485 信号 A	RS－485 信号 A
	9	不用	10 位协议选择（输入）
	连接器外壳	屏蔽	机壳接地

2. MM440 变频器通信端口

在 MM440 变频器前面板上的通信端口是 RS－485 端口，与 USS 通信有关的前面板端子如图 4—2—1 所示。

端子号	名称	功能
29	P+	RS 485 信号+
30	N−	RS 485 信号−

图 4—2—1　MM440 变频器通信端口

3. S7－200 与 MM440 的 USS 通信接线

将 MM440 变频器的通信端子 29 和端子 30 分别接至 S7－200 通信口的 3 脚与 8 脚，如图 4—2—2 所示。

通信接线注意事项

（1）条件许可的情况下，USS 主站尽量选用直流型的 CPU。

（2）一般情况下，USS 通信电缆采用双绞线即可，如果干扰比较大，可采用屏蔽双绞线。

（3）在采用屏蔽双绞线作为通信电缆时，把具有不同电位参考点的设备互联后在连接电

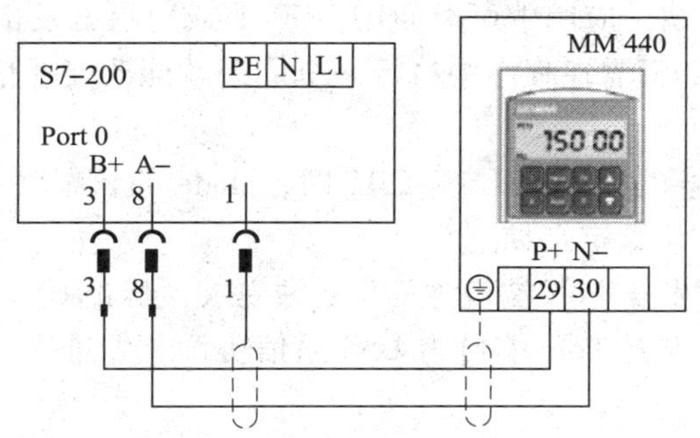

图 4—2—2 S7－200 与 MM440 的 USS 通信接线图

缆中形成不应有的电流，这些电流导致通信错误或设备损坏。要确保通信电缆连接的所有设备共用一个公共电路参考点，或是相互隔离以防止干扰电流产生。屏蔽层必须接到外壳地或 9 针连接器的 1 脚上。

（4）尽量采用较高的波特率，通信速率只与通信距离有关，与干扰没有直接关系。

（5）终端电阻的作用是用来防止信号反射的，并不用来抗干扰。如果通信距离很近，波特率较低或点对点的通信情况下，可不用终端电阻。

（6）不要带电插拔通信电缆，尤其是正在通信过程中，这样极易损坏传动装置和 PLC 的通信端口。

二、USS 协议专用指令

西门子公司提供的 USS 协议指令库包括专门为通过 USS 协议与变频器通信而设计的子程序和中断程序。使用 USS 协议指令时，首先要安装指令库，正确安装结束后，打开指令树中的“库”选项，出现多个 USS 协议指令，如图 4—2—3 所示。

1．USS_INIT 指令

使用 USS 库指令前必须使用 USS_INIT 指令对变频器进行初始化 USS 通信参数。USS_INIT 指令如图 4—2—4 所示。

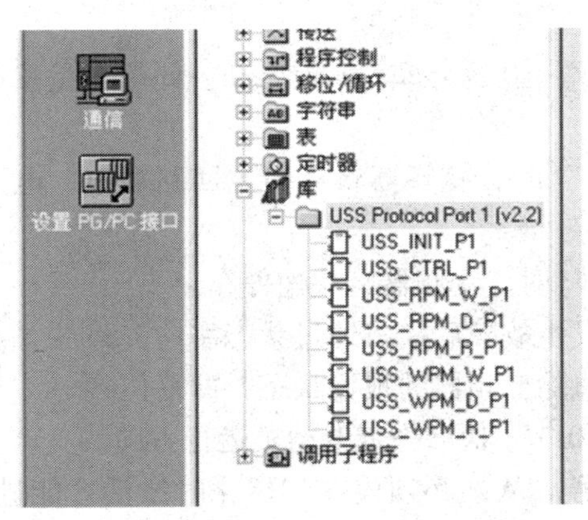

图 4—2—3 USS 指令库

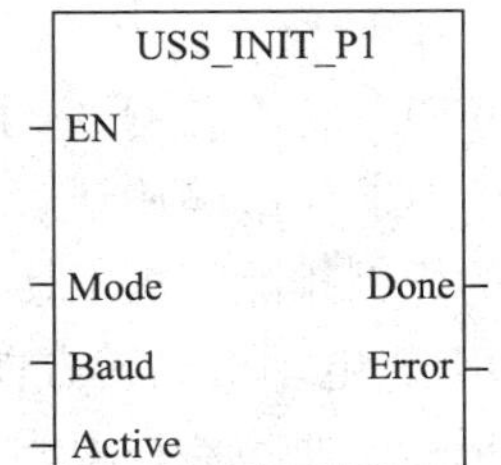

图 4—2—4 USS_INIT 指令

指令解释：

（1）“EN”使能输入端　应用中可以使用 SM0.1 或边沿触发指令调用 USS_INIT 指令。使用初始化程序 USS_INIT 只需在程序中执行一个周期就能改变通信口的功能，以及进行其他一些必要的初始设置。

（2）“Mode”模式选择端　执行 USS_INIT 时，Mode 的状态决定是否在 Port 端口上使用 USS 通信功能。Mode 引脚设置定义如下。

当设置为“0”，表示恢复 Port 端口为 PPI 从站模式，禁止 USS 协议。

当设置为“1”，表示设置 Port 端口为 USS 通信协议，并进行相关初始化。

（3）“Baud”USS 通信波特率　此参数要和变频器的参数设置一致，将波特率设为 1 200 bit/s、2 400 bit/s、4 800 bit/s、9 600 bit/s、19 200 bit/s、38 400 bit/s、57 600 bit/s 或 115 200 bit/s。

（4）“Active”激活驱动器　某些驱动器仅支持地址 0 ~ 31。每一位对应一台变频器，如第 0 位为 1 表示激活 0 号变频器，激活的变频器自动地被轮询，以控制其运行和采集其状态。

（5）“Done”表示初始化完成标志。

（6）“Error”表示初始化错误代码。

2. USS_CTRL 指令

USS_CTRL 指令用于对单台处于激活状态的变频器进行运行控制。这个功能块利用了 USS 协议中的 PZD 数据传输，控制和反馈信号更新较快。网络上每一个激活的 USS 变频器从站都要在程序中调用一个独立的 USS_CTRL 指令，而且只能调用一次。需要控制的变频器必须在 USS 初始化指令运行时定义为“激活”。USS_CTRL 指令如图 4—2—5 所示。

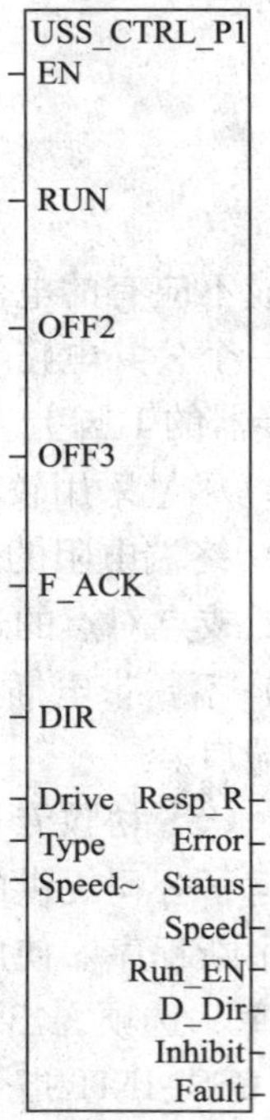

图 4—2—5　USS_CTRL 指令

指令解释如下：

（1）“EN”使能输入端　使用 SM0.0 使能 USS_CTRL 指令。

（2）“RUN”驱动装置的启动/停止控制端　0 为停车，1 为启动。此停车是按照变频器中设置的斜坡减速使电动机停止。

（3）“OFF2”停车信号 2　此信号为“1”时，变频器将封锁主回路输出，电动机自由停车。

（4）“OFF3”停车信号 3　此信号为“1”时，变频器将快速停车。

（5）“F_ACK”故障确认　当驱动装置发生故障后，将通过状态字向 USS 主站报告；如果造成故障的原因排除，可以使用此输入端清除变频器的报警状态，即复位。

（6）“DIR”电动机运转方向控制　其“0/1”状态决定电动机运行方向。

（7）“Drive”变频器在 USS 网络上的站号。从站必须先在初始化时激活才能进行控制，有效地址 0 ~ 31。

（8）“Type”向 USS_CTRL 功能块输入变频器类型。

设置为“0”，表示变频器为 MM3 系列或更早的产品。

设置为“1”，表示变频器为 MM4 系列或 SINAMICS G110。

(9)“Speed_SP”速度设定值　速度设定值必须是一个实数，给出的数值是变频器的频率范围百分比还是绝对的频率值取决于变频器中的参数设置。

(10)“Resp_R”从站应答确认信号　主站从 USS 从站收到有效的数据后，此位将为“1”即一个程序扫描周期，表明以下的所有数据都是最新的。

(11)“Error”错误代码　0 = 无出错。

(12)“Status”变频器的状态字　此状态字直接来自变频器的状态字，表示当时的实际运行状态，详细的状态字信息意义请参考相应的变频器手册。

(13)“Speed”驱动装置返回的实际运转速度值。

(14)“Run_EN”运行模式反馈　表示变频器是在运行（为1）还是停止（为0）。

(15)“D_Dir”指示变频器的运转方向。

(16)“Inhibit”变频器禁止状态指示（0 未禁止，1 禁止状态）　禁止状态下驱动装置无法运行。要清除禁止状态，故障位必须复位，并且 RUN、OFF2 和 OFF3 都为 0。

(17)“Fault”故障指示位（0 无故障，1 有故障）　表示驱动装置处于故障状态，驱动装置上会显示故障代码（如果有显示装置）。要复位故障报警状态，必须先消除引起故障的原因，然后用 F_ACK 或者驱动装置的端子或操作面板复位故障状态。

3. USS_RPM 指令

USS_RPM 指令用于读取变频器的参数，USS 协议有 3 条读指令，如图 4—2—6 所示。

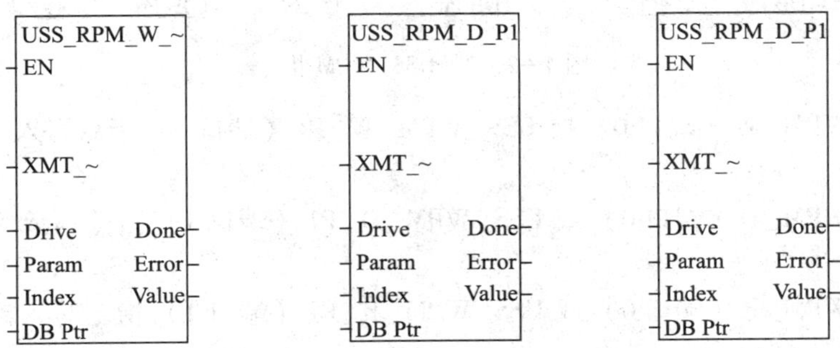

图 4—2—6　USS_RPM 指令

(1) USS_RPM_W 指令读取一个无符号字类型的参数。

(2) USS_RPM_D 指令读取一个无符号双字类型的参数。

(3) USS_RPM_R 指令读取一个浮点数类型的参数。

指令解释：

1) 一次仅限将一条读取（USS_RPM_x）或写入（USS_WPM_x）指令设为激活。

2) EN 位必须为 ON，才能启用请求传送，并应当保持 ON，直至设置“完成”位，表示进程完成。例如，当 XMT_REQ 输入为 ON，在每次扫描时向变频器传送一条 USS_RPM_x 请求。因此，XMT_REQ 输入应当通过一个脉冲方式打开。

3)“Drive”输入变频器的地址，USS_RPM_x 指令被发送至该地址。单台变频器的有效地址是0～31。

4）“Param”是参数号码。“Index”是需要读取参数的索引值。“数值”是返回的参数值。必须向DB_ Ptr输入提供16个字节的缓冲区地址。该缓冲区被USS_ RPM_ x指令用于存储向变频器发出的命令结果。

5）当USS_RPM_ x指令完成时，“Done”输出ON，“Error”输出字节和“Value”输出包含执行指令的结果。“Error”和“Value”输出在“Done”输出打开之前无效。

4. USS_ WPM指令

USS_ WPM指令用于写入变频器的参数，USS协议共有3种写入指令，如图4—2—7所示。

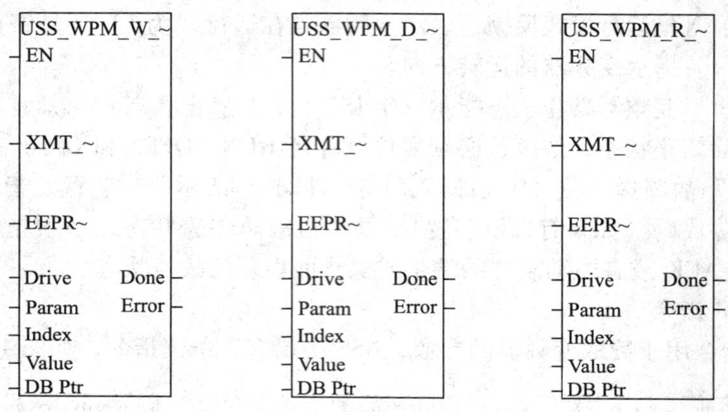

图4—2—7　USS_ WPM指令

（1）USS_ WPM_ W（端口0）或USS_ WPM_ W_ P1（端口1）指令写入不带符号的字参数。

（2）USS_ WPM_ D（端口0）或USS_ WPM_ D_ P1（端口1）指令写入不带符号的双字参数。

（3）USS_ WPM_ R（端口0）或USS_ WPM_ R_ P1（端口1）指令写入浮点数类型的参数。

指令解释：

1）一次仅限将一条读取（USS_ RPM_ x）或写入（USS_ WPM_ x）指令设为激活。

2）当变频器确认收到命令或发送一则错误条件时，USS_ WPM_ x事项完成。当该进程等待应答时，逻辑扫描继续执行。

3）EN位必须为ON，才能启用请求传送，并应当保持打开，直至设置“Done”位，表示进程完成。例如，当XMT_ REQ输入为ON，在每次扫描时向变频器传送一条USS_ WPM_ x请求。因此，XMT_ REQ输入应当通过一个脉冲方式打开。

4）当变频器打开时，EEPROM输入启用对变频器的RAM和EEPROM的写入，当驱动器关闭时，仅启用对RAM的写入。请注意，该功能不受MM3驱动器支持，因此该输入必须关闭。

5）其他参数的含义及使用方法参考 USS_RPM 指令。

三、与 S7－200 PLC 相关的变频器参数

与 S7－200 连接时，变频器需要设置的主要有“控制源”和“设定源”两组参数。要设置此类参数，需要“专家”参数访问级别，即首先需要把 P0003 参数设置为 3。

1. 控制源参数设置

控制命令控制变频器的启动、停止、正/反转等功能。控制源参数设置决定了变频器从何种途径接收控制信号。

控制源由参数 P0700 设置，即 P0700［0］参数：设定值＝5（COM Link 上的 USS 通信控制）。

2. 设定源控制参数设置

设定值控制变频器的转速/频率等功能。设定源参数决定了变频器从哪里接收设定值（即给定）。

设置源由参数 P1000 设置，即 P1000［0］参数：设定值＝5（COM Link 上的 USS 设定）。

3. USS 通信控制的参数设置

控制源和设定源之间可以自由组合，根据工艺要求可以灵活选用。以控制源和设定源都来自 COM Link 上的 USS 通信为例，简介 USS 通信的主要参数设置。

（1）P2011 参数　设置 P2011［0］＝0～31，即变频器 COM Link 上的 USS 通信口在网络上的从站地址。网络上不能有任何两个从站的地址相同。

注：示例中设定值＝3（与程序中的站地址相一致）

（2）P2012＝USS 的 PZD 长度　常规的 PZD 长度是 2 个字长。这一参数允许用户选择不同的 PZD 长度，以便对目标进行控制和监测。例如，3 个字的 PZD 长度时，可以有第 2 个设定值和实际值。实际值可以是变频器的输出电流（P2016 或 P2019［下标 3］＝r0027）。

（3）P2013＝USS 的 PkW 长度　默认值设定为 127（可变长度）。也就是说，被发送的 PkW 长度是可变的，应答报文的长度也是可变的，这将影响 USS 报文的总长度。如果要写一个控制程序，并采用固定长度的报文，那么，应答状态字（ZSW）总是出现在同样的位置。MM4 系列变频器最常用的 PkW 固定长度是 4 个字长，因为它可以读写所有的参数。

（4）P2014 参数　设置 P2014［0］＝0～65 535，即 COM Link 上的 USS 通信控制信号中断超时时间，单位为 ms。如设置为 0，则不进行此端口上的超时检查。

（5）P0971 参数　设置 P0971＝1，上述参数将保存到 MM 440 的 EEPROM 中。

（6）设置 RS－485 串口 USS 波特率：P2010 的不同值有不同的波特率，即 P2010＝4（2 400 b/s）；P2010＝5（4 800 b/s）；P2010＝6（9 600 b/s）；P2010＝7（19 200 b/s）；P2010＝8（38 400 b/s）；P2010＝9（57 600 b/s）。这一参数必须与 PLC 主站采用的波特率相一致。

任务实施

一、任务准备

本任务所需材料和工具清单同任务 1，见表 4—1—1。

二、系统输入/输出地址分配

本任务 PLC 的 I/O 地址分配，见表 4—2—2。

表 4—2—2　　PLC 的 I/O 地址分配表

输入地址	作用	输出地址	作用
I0.0	电动机启动开关	Q0.0	初始化标志完成位
I0.1	正反转切换开关	Q0.1	运行模式反馈
I0.2	电动机停止制动开关	Q0.2	指示变频器的运转方向
I0.3	电动机自由停止开关	Q0.3	变频器禁止状态指示
I0.4	故障复位	Q0.4	故障指示位
I0.5	变频器参数写入开关		

三、系统接线

根据 PLC 输入/输出地址分配情况，绘制出 PLC 与变频器外部接线图，如图 4—2—8 所示，图中 Q0.0 ~ Q0.4 输出可以不接。

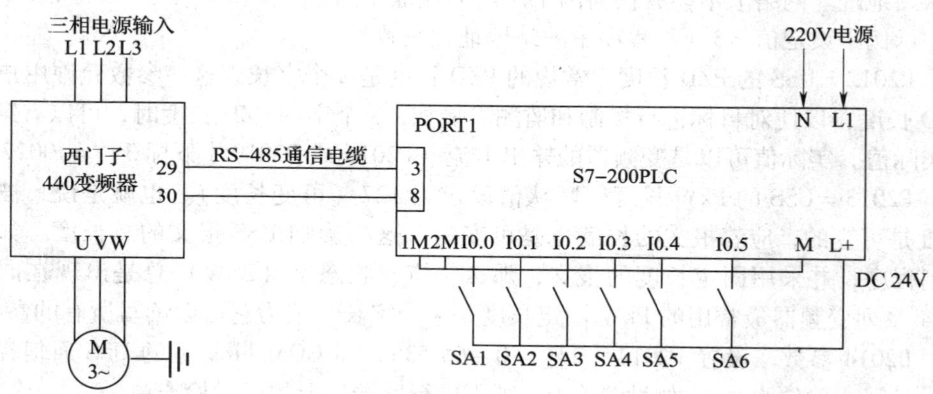

图 4—2—8　PLC 与变频器外部接线图

四、设置变频器参数

在将变频器连至 S7－200 之前，必须确保变频器具有以下系统参数，即使用变频器上的基本操作面板的按键设置参数。

1. 复位为出厂默认设置值（可选）：P0010 = 30（出厂的设定值），P0970 = 1（参数复位）。

2. P2012 参数。设置 P2012［0］ = 2，即 USSPZD 区长度为 2 个字长。

P2013 参数。设置 P2013［0］ = 127，即 USSPkW 区的长度可变。

3. 设置电动机参数如下：

（1）P0003 =3，用户访问级为专家级，使能读/写所有参数。

（2）P0010 = 调试参数过滤器，=1 快速调试，=0 准备。

（3）P0304 = 电动机额定电压（以电动机铭牌为准）。

（4）P0305 = 电动机额定电流（以电动机铭牌为准）。

（5）P0307 = 电动机额定功率（以电动机铭牌为准）。

（6）P0308 = 电动机额定功率因数（以电动机铭牌为准）。

（7）P0310 = 电动机额定频率（以电动机铭牌为准）。

（8）P0311 = 电动机额定转速（以电动机铭牌为准）。

4. 设置本地/远程控制模式

（1）P0700 =5，通过 COM 链路（经由 RS－485）进行通信的 USS 设置，即通过 USS 对变频器进行控制。

（2）P1000 =5，这一设置可以允许通过 COM 链路的 USS 通信发送频率设定值。

5. 本任务中 PLC 和变频器的波特率都设为 9 600 b/s。

6. 输入从站地址：P2011 =1（USS 节点地址为变频器指定的唯一从站地址）。

7. 斜坡上升时间：P1120 =5，这是一个以秒（s）为单位的时间，在这个时间内，电动机加速到最高频率。

8. 斜坡下降时间：P1121 =5，单位为秒（s），在这个时间内，电动机减速到完全停止。

9. 设置串行链接参考频率：P2000 =30，单位为 Hz。

10. 设置 USS 的规格化：P2009 =0（USS 规格化，设置值为 0 时，根据 P2000 的基准频率进行频率设定值的规格化。设置值为 1 时，允许设定值以绝对十进制数的形式发送。如在规格化时设置基准频率为 50. 00 Hz，则所对应的十六进制数是 4 000，十进制数值是 16 384）。

11. P2016 和 P2019：允许用户确定，在 RS－232 C 和 RS－485 串行接口的情况下，应答报文 PZD 中应该返回哪些状态字和实际值，其下标参数设定如下：

下标 0 = 状态字 1（ZSW）（默认值 = r0052 = 变频器的状态字）。

下标 1 = 实际值 1（HIW）（默认值 = r0021 = 输出频率）。

下标 2 = 实际值 2（HIW2）（默认值 =0）。

下标 3 = 状态字 2（ZSW2）（默认值 =0）。

PZD 控制字：信号 047 FH 使变频器正向运行，而信号 0C7 FH 使变频器反向运行。

五、编制 PLC 控制程序

PLC 控制程序梯形图如图 4—2—9 所示。

六、联机调试

安装好控制系统的主电路和控制电路，设置好变频器的相应参数后，将编译成功的控制程序下载到 PLC 主机，并将 PLC 程序运行开关拨向“RUN”状态，然后进行联机调试，调试过程中如出现故障，应立即切断电源，分析原因、检查电路或梯形图，排除故障后，方可进行重新调试，直到系统功能调试成功为止。训练完毕，切断电源，清理现场。

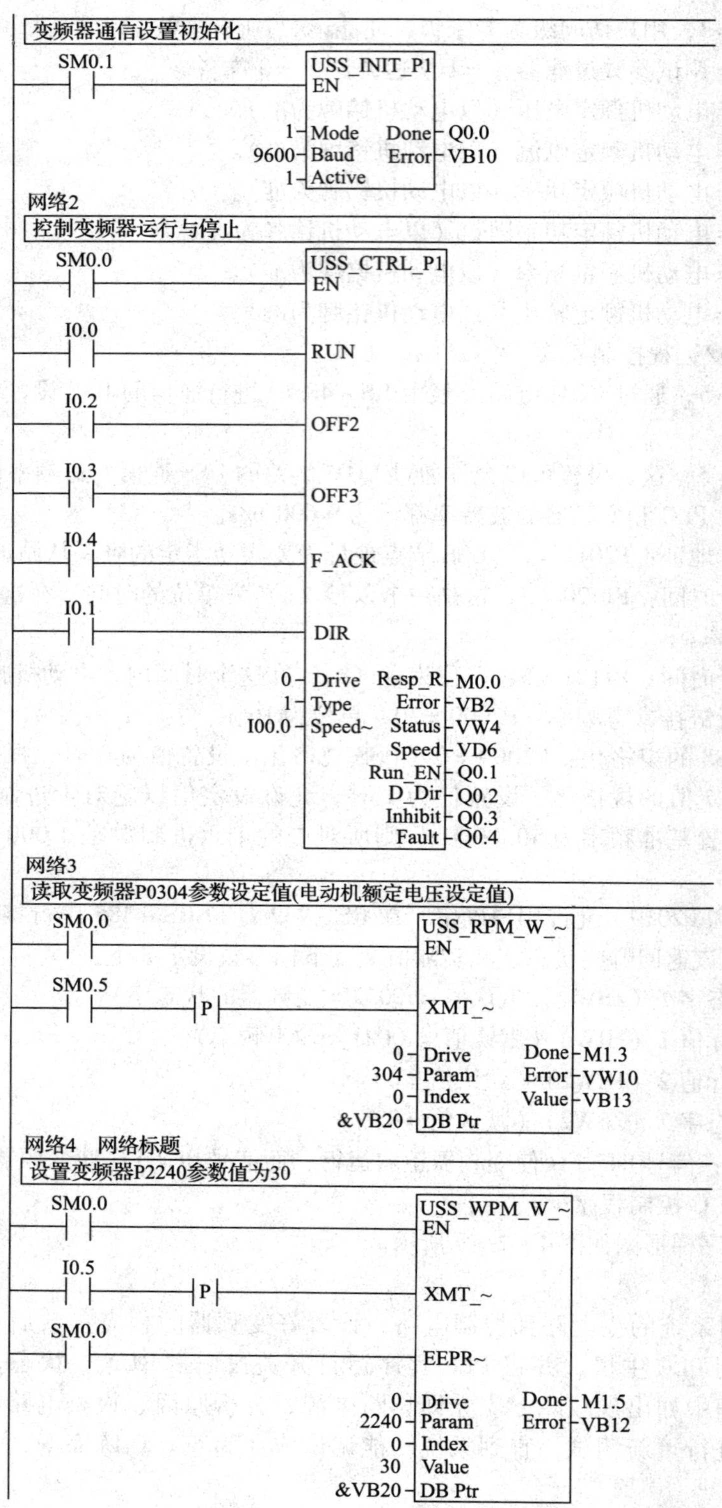

图 4—2—9　PLC 控制程序梯形图

任务测评

完成任务后先按照表 4—2—3 进行自我检查，再由指导教师评价审核。

表 4—2—3 **任务测评表**

序号	考核内容	考核要求	评分标准	配分	得分
1	电路设计	能根据项目要求设计电路	（1）设计电路不正确，每处扣 5 分 （2）画图不符合标准，每处扣 2 分	10 分	
2	参数设置	（1）正确设置变频器的基本参数 （2）正确计算设置加减速时间参数	（1）参数设置错误，每处扣 5 分 （2）漏设参数，每处扣 5 分	30 分	
3	接线	能正确使用工具及仪表，按照电路图准确地接线	（1）元器件安装不符合要求，每处扣 2 分 （2）接线有违反电工手册相关规定的，每处扣 2 分	10 分	
4	PLC 编程	能根据项目要求，正确编制 PLC 控制程序	（1）程序编制不正确，扣 5 分 （2）不会上传、下载程序，扣 5 分	20 分	
5	调试	能正确进行参数设置，现场调试变频器的运行	（1）不会修改参数，每处扣 5 分 （2）系统功能不正确，每处扣 10 分	30 分	
6	安全文明生产	参照相关的法规，确保人身和设备安全	违反安全文明生产规程，扣 5 ~ 10 分		
备注			合计		
			教师签字：		

思考与练习

在完成本课题任务基础上，试设计一个使用 USS 协议实现 S7 – 200 与 MM440 变频器之间的通信，通过 USS 指令实现 PLC 对变频器的正反转控制以及频率的读/写参数。根据要求完成电路图的设计、PLC 程序编写、变频器参数的设置，并进行系统的安装与调试。

课题五　货物升降机系统的变频器控制

学习目标

1. 了解货物升降机的基本结构及控制原理。
2. 能够正确配置系统的硬件。
3. 理解控制系统原理图。
4. 正确设计 PLC 的程序。
5. 正确设置变频器的相关参数。

任务引入

传统的升降机普遍采用交流绕线式异步电动机转子串电阻调速方式，电阻的投切用继电器—接触器控制，这种控制方式的缺陷明显，不但制动和调速换挡时机械冲击大，调速性能差，外接电阻能耗大，而且接线复杂，经常出现故障，安全性差。基于上述的缺点，本任务就利用 PLC 及变频器对升降机的控制系统进行改造。电动机采用结构简单、价格低廉的三相笼型异步电动机，并可实现升降电动机启动时缓慢升速，制动时缓慢平稳停车，还可实现多挡速度的程序控制，在中间的升降过程加快，货物上下传输快速、平稳、安全。

相关知识

一、小型货物升降机的基本结构

小型货物升降机的升降过程是利用电动机正反转卷绕钢丝绳带动吊笼上下运动来实现的。升降机一般由电动机、滑轮、钢丝绳、吊笼以及各种主令电器等组成，其基本结构如图 5—1 所示。SQ1 ~ SQ4 可以是行程开关，也可以是接近开关，用于位置检测，起限位作用。

二、小型货物升降机系统控制要求

吊笼的升降过程是一个多段速控制过程，要求有一个由慢到快，然后再由快到慢的过程，即启动时缓慢升速，达到一定速度后快速运行，当接近终点时，先减速再缓慢停车，为此将图 5—1 中的升降过程划分为三个行程区间，各区间段的升降速度如图 5—2 所示。

1. 上升运行

当升降机的吊笼位于下限位 SQ1 处，按下提升启动按钮 SB2，吊笼以较低的第一速度

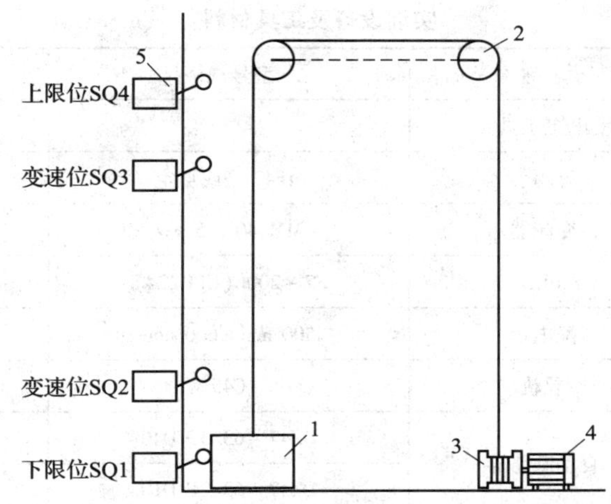

图 5—1　升降机结构

1—吊笼　2—滑轮　3—卷筒　4—电动机　5—SQ1 ~ SQ4 限位开关

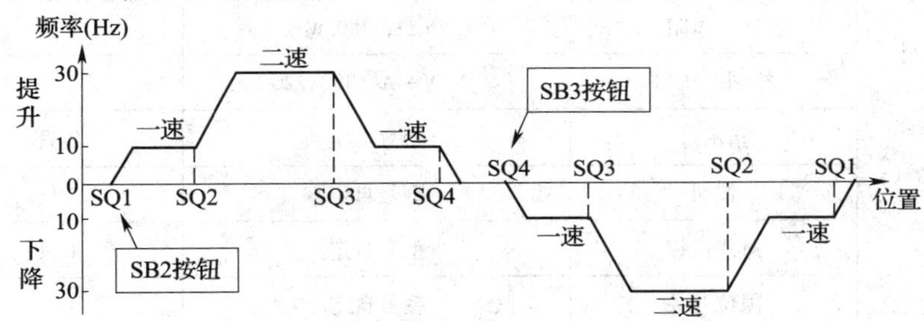

图 5—2　升降机升降速度

（10 Hz）平稳启动，当运行到预定位置 SQ2 时，以第二速度（30 Hz）快速运行，等到达预定位置 SQ3 时，升降机开始降速，以第一速（10 Hz）运行，直到碰到上限开关 SQ4 处实现平稳停车。

2．下降运行

当升降机的吊笼位于上限位 SQ4 处，按下下降按钮 SB3，吊笼以较低的第一速度（10 Hz）平稳缓慢下降运行，当下降到预定位置 SQ3 时，以第二速度（30 Hz）快速下降运行，等到达预定位置 SQ2 时，升降机开始降速，以第一速（10 Hz）下降运行，直到碰到下限开关 SQ1 处实现平稳停车。

3．急停状态

当升降机在运行过程中发生紧急情况时，可按下急停按钮 SB1，升降机会停留在任意位置。

任务实施

一、任务准备

实施本任务所需的实训设备及工具材料见表 5—1。

表 5—1　　实训设备及工具材料

序号	分类	名称	型号规格	数量	备注
1	工具	电工工具		1 套	
2	器材	万用表	MF47 型或自定	1 块	
3		变频器	MM440 7.5 kW	1 台	
4		PLC	S7－200（CPU224）	1 台	
5		配电盘	500 mm×600 mm	1 块	
6		导轨	C45	1 m	
7		自动断路器	DZ47－63/3P D40	1 只	
8			DZ47－63/2P D10	1 只	
		三相异步电动机	型号自定	1 台	
9		熔断器	RT18　10 A	2 只	
10		制动电阻	75 Ω，780 W	1 只	
11		控制变压器	100 V·A，380/220	1 只	
12		指示灯	型号自定	2 只	
13		按钮	型号自定	2 只	
14		急停按钮	型号自定	1 只	
15		限位开关	型号自定	4 只	
16		端子排	D－10 30A/10 A	各 2 根	
17		铜塑线	BVR1.5/2.5 mm^2	若干	
18		紧固件	螺钉（型号自定）	若干	
19		线槽	25 mm×35 mm	若干	
20		号码管		若干	
21		计算机	自定	1 台	
22		S7－200 编程软件	STEP7－Micro/WIN v4 SP3	1 套	

二、系统的主要硬件配置

1．变频器的选择

本实例从使用稳定性和经济性等因素考虑，选用西门子 MM440 变频器、7.5 kW，外加制动电阻。

2．PLC 的选择

PLC 的选择主要依据系统所需的控制点数及 PLC 的指令功能是否能满足系统控制要求，以及考虑稳定性、经济性等因素。

本例可根据控制系统原理图中 PLC 的 I/O 点数及其他综合性能，选择西门子 S7－200 系列（CPU224）可编程控制器。

3. 制动电阻的选择

本实例属于位能负载，在负载下放时，异步电动机将处于再生发电制动状态，实现快速停车或准确停车。参考西门子 MM440 小功率变频器制动电阻的选配表。

本实例选用的制动电阻阻值为 75 Ω、功率为 780 W。

三、设计货物升降机控制系统电气原理图

升降机自动控制系统主要由西门子 S7－200 系列（CPU224）可编程控制器、西门子 MM440 变频器和三相笼型异步电动机组成，控制系统电气原理图如图 5—3 所示。由于升降机在下降过程中会发生回馈制动，所以变频器需要外接制动电阻。图 5—3 中 QF1 为断路器，具有隔离、过电流、欠电压等保护作用。急停按钮 SB1、上升按钮 SB2、下降按钮 SB3 根据操作方便可安装在底部和顶部，或者两地都安装，操作时，只需按下 SB2 或 SB3，系统就可自动实现程序控制。

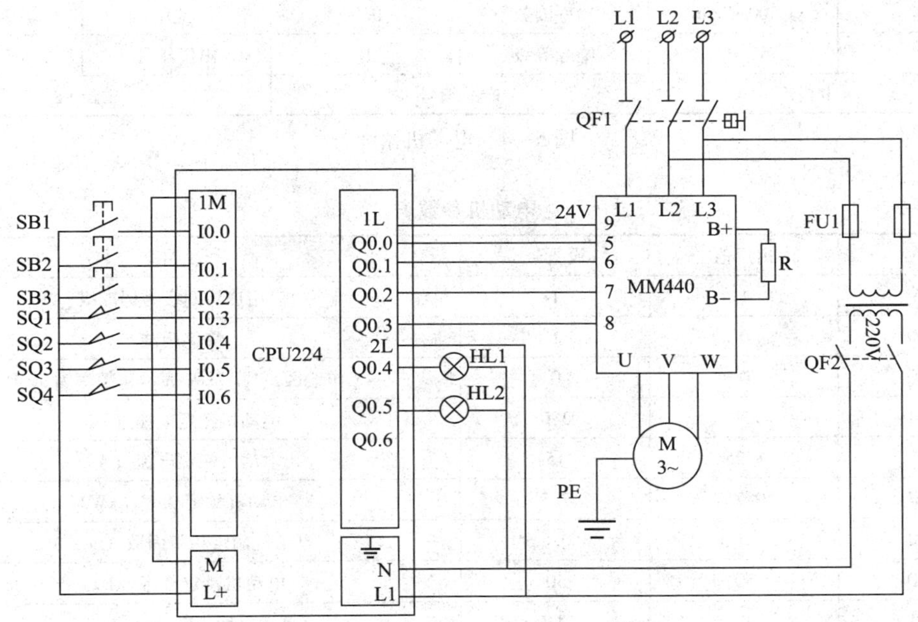

图 5—3　控制系统电气原理图

对于系统所要求的提升和下降以及由限位开关获取吊笼运行的位置信息，通过 PLC 内部程序的处理后，在 Q0.0、Q0.1、Q0.2、Q0.3 端输出相应的“0”“1”信号来控制变频器输入端子的端子状态，使变频器及时按图 5—2 所示输出相应的频率，从而控制升降机的运行特性。当 PLC 输出端 Q0.2、Q0.3 的状态分别为 1 和 0，Q0.0 状态为 1 时，变频器输出一速频率，升降机以 10 Hz 对应的转速上升，当 Q0.2、Q0.3 的状态分别为 0 和 1 时，变频器输出二速频率，升降机以 30 Hz 对应的转速上升；当 PLC 输出端 Q0.2、Q0.3 的状态分别为 0 和 1，Q0.1 状态为 1 时，变频器升降机分别以 10 Hz、30 Hz 对应的转速下降。

四、系统安装与配线

根据原理图、变频器和 PLC 使用手册，进行安装与配线，并符合工艺技术要求。

五、变频器参数设置

1. 恢复变频器工厂默认值

设定 P0010 = 30 和 P0970 = 1，按下 P 键，开始复位，复位时间大约为 10 s。

2. 电动机参数设置

为了使电动机与变频器相匹配，需要根据如图 5—4 所示的电动机铭牌参数来设置变频器相关电动机参数，电动机参数设定完成后，设 P0010 = 0，变频器当前处于准备状态，可正常运行。电动机参数见表 5—2。

三相异步电动机					
型号	Y90L - 4	电压	380 V	接法	△
容量	7.5 kW	电流	15 A	工作方式	连续
转速	1 400 r/min	功率因数	0.8	温升	90℃
频率	50 Hz	绝缘等级	B	出厂年月	×年×月
×××电机厂		产品编号		重量 kg	

图 5—4　电动机铭牌

表 5—2　**电动机参数表**

参数号	出厂值	设置号	说明
P003	1	1	设用户访问级为标准级
P0010	0	1	快速调试
P0100	0	0	工作地区，功率 kW 表示，频率为 50 Hz
P0304	230	380	电动机额定电压（V）
P0305	3.25	15	电动机额定电流（A）
P0307	0.75	7.5	电动机额定功率（kW）
P0308	0	0.8	电动机额定功率因数（$\cos\varphi$）
P0310	50	50	电动机额定频率（Hz）
P0311	0	1440	电动机额定转速（r/min）

3. 变频器控制参数设置（见表 5—3）

表 5—3　**变频器设置参数表**

参数号	出厂值	设置值	说明
P0003	1	1	设用户访问级为扩展级
P0700	2	2	命令源选择“由端子排输入”
P0701	1	1	ON 接通正转，OFF 停止
P0702	1	2	ON 接通反转，OFF 停止
P0703	1	17	选择固定频率

续表

参数号	出厂值	设置值	说明
P0704	1	17	选择固定频率
P1000	2	3	选择固定频率设定值
P1001	0	10	选择固定频率 1（Hz）
P1002	0	30	选择固定频率 2（Hz）

六、PLC 程序设计

1．分配 PLC 输入/输出地址（I/O）（见表 5—4）

表 5—4　　I/O 分配表

输入设备			输出设备	
代号	功能	输入继电器	输出继电器	功能
SB1	急停按钮	I0. 0	Q0. 0	接变频器端子 5、正转
SB2	上升按钮	I0. 1	Q0. 1	接变频器端子 6、反转
SB3	下降按钮	I0. 2	Q0. 2	接变频器端子 7、段速 1
SQ1	下限位	I0. 3	Q0. 3	接变频器端子 8、段速 2
SQ2	一速	I0. 4	Q0. 4	上升指示、HL1
SQ3	二速	I0. 5	Q0. 5	下降指示、HL2
SQ4	上限位	I0. 6		

2．顺序功能图

顺序功能图如图 5—5 所示。

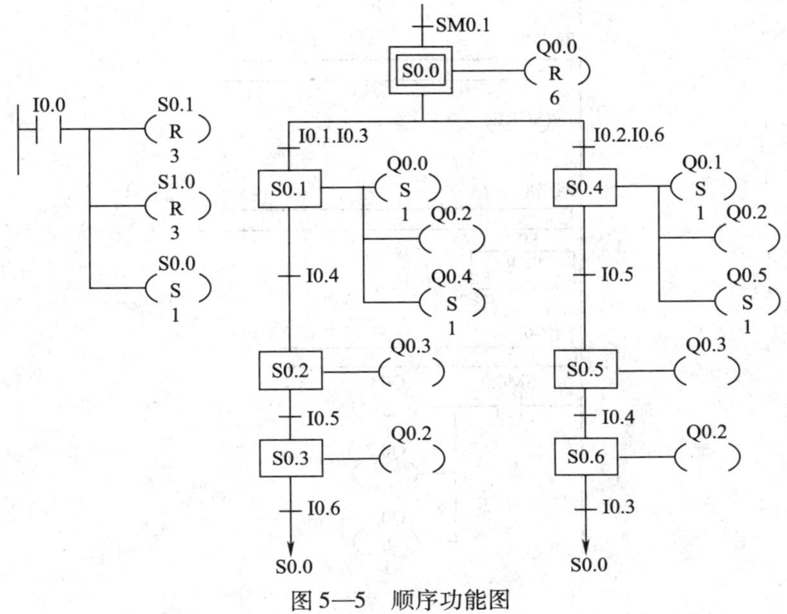

图 5—5　顺序功能图

3. 梯形图

梯形图如图 5—6 所示。

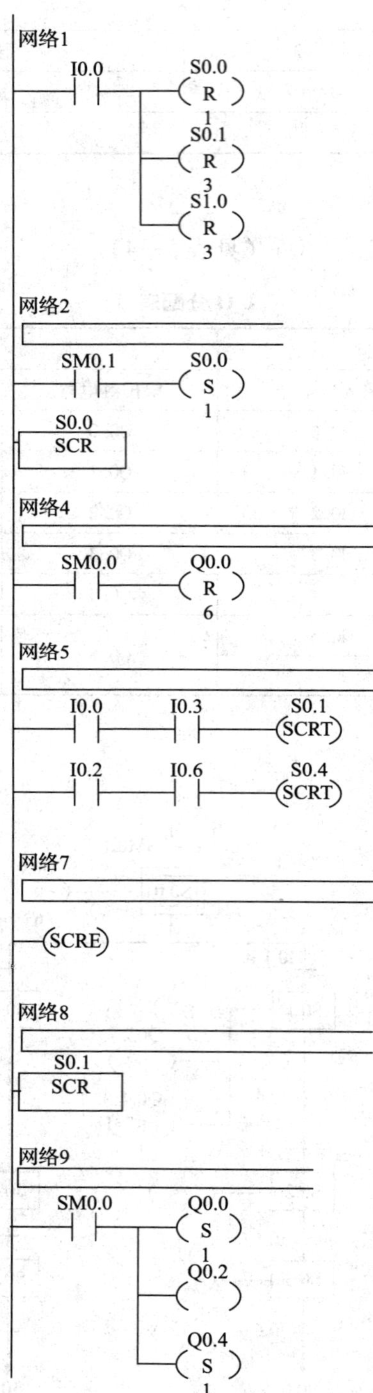

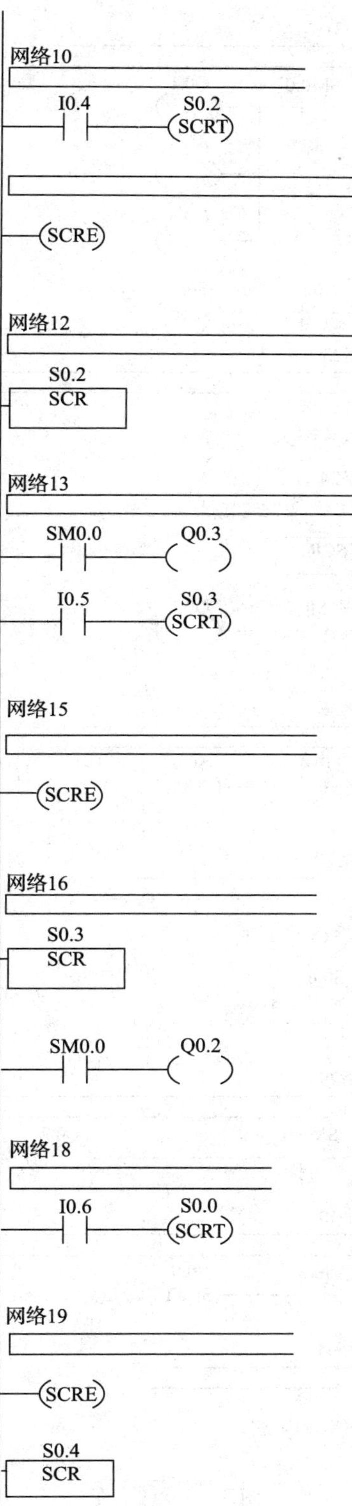
网络10
I0.4
S0.2
SCRT
SCRE
网络12
S0.2
SCR
网络13
SM0.0
Q0.3
I0.5
S0.3
SCRT
网络15
SCRE
网络16
S0.3
SCR
SM0.0
Q0.2
网络18
I0.6
S0.0
SCRT
网络19
SCRE
S0.4
SCR

网络21
SM0.0
Q0.1
S
1
Q0.2
Q0.5
S
1
I0.5
S0.5
SCRT
网络23
SCRE
网络24
S0.5
SCR
SM0.0
Q0.3
网络26
I0.4
S0.6
SCRT
网络27
SCRE
S0.6
SCR
网络29
SM0.0
Q0.2
网络30
I0.3
S0.0
SCRT
网络31
SCRE

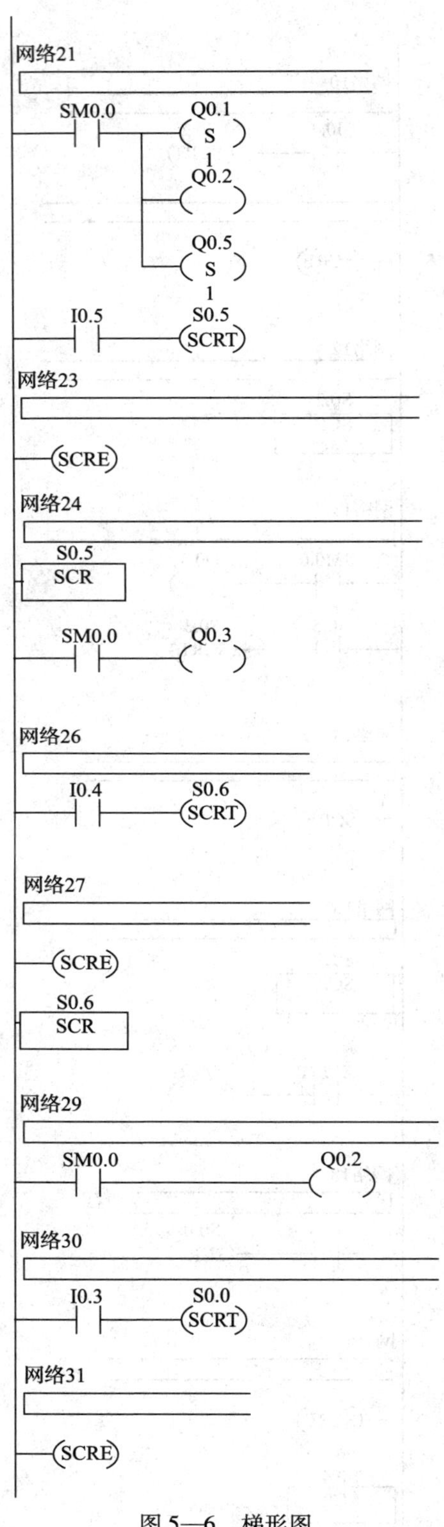

图 5—6　梯形图

七、系统调试

1．按照要求设置变频器参数，并正确输入PLC程序。

2．PLC程序模拟调试，观察PLC的各种信号动作是否正确。否则修改程序，直到各种信号动作正确。

3．空载调试。当PLC与变频器连接好后，不接电动机，即变频器处于空载状态。通过模拟各种信号来观察变频器运行是否符合要求，否则，检查接线、变频器参数、PLC程序等，直到变频器按要求运行。

4．现场调试。正确连接好全部设备，进行现场系统调试。当吊笼在底部位置，且SQ1常开触点闭合时，按下SB2，电动机以一速缓慢上升，到达SQ2、SQ3位置时，依此以快速、慢速上升。下降时与此类似，当遇到紧急情况时，按下SB1，升降机会停在任意位置。

5．训练完毕，切断电源，清理现场。

任务测评

完成任务后先按照表5—5进行自我检查，再由指导教师评价审核。

表5—5　　评分标准

序号	项目内容	考核要点	评分标准	配分	得分
1	设计原理图	（1）规范设计原理图 （2）正确绘图并保持图面清洁	电路图不规范或不清洁，每处扣1分	10	
2	元器件选择	（1）正确选择元器件的型号 （2）检查元器件的好坏	（1）元器件型号选择不合理，每处扣5分 （2）未检查元器件好坏，每处扣5分	20	
3	接线	（1）正确使用工具和仪表 （2）按照电路图正确接线	（1）接线不规范，每处扣5分 （2）接线错误，扣15分 （3）工具和仪表使用不规范，每处扣2分	15	
4	参数设置	能根据任务要求正确设置变频器参数	（1）参数设置不全，每处扣5分 （2）参数设置错误，每处扣5分	15	
5	设计PLC程序	（1）能熟练使用编程软件 （2）能正确设计PLC程序及下载	（1）编程软件使用不熟练，扣5分 （2）不能设计程序，扣10分 （3）部分功能不能实现，每处扣5分	15	

续表

序号	项目内容	考核要点	评分标准	配分	得分
6	操作调试	正确操作调试	（1）变频器操作错误，每处扣5分 （2）调试失败，扣15分	15	
7	安全文明生产	遵守安全文明生产规程，如出现设备损坏、人身事故视为不合格	违反安全文明生产规程，扣5～10分	10	
备注			合计		
			教师签字：		

思考与练习

按照要求完成简易三层电梯的PLC、变频器控制系统的设计、安装与调试。控制要求如下：

（1）电梯运行到指定位置后应具备手动或自动开、关门功能。

（2）电梯上行下行由变频器驱动电动机，运行曲线如图5—7所示，电动机正转电梯上行，电动机反转电梯下行；电梯开关门由另一台小功率电动机驱动，电动机正转轿厢门打开，电动机反转轿厢门关闭。

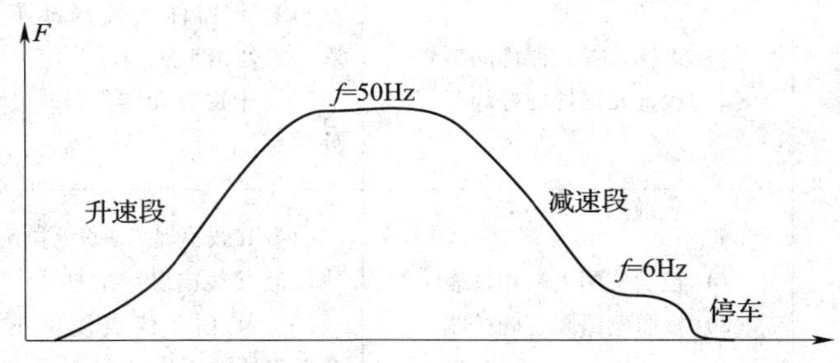

图5—7　电梯变频器基本运行曲线图

（3）当电梯停于某层时，有一高层呼叫时，电梯上升到呼叫层停止。

（4）当电梯停于某层时，有一低层呼叫时，电梯下降到呼叫层停止。

（5）当电梯停于某层时，有多高层呼叫时，电梯先上升到较低的呼叫层，停3 s后继上升到高的呼叫层，响应完毕后停止。

（6）当电梯停于某层时，有多低层呼叫时，电梯先下降到较高的呼叫层，停3 s后继续下降到低的呼叫层，响应完毕后停止。

（7）当电梯处于上升或下降过程中，任何反向的呼叫均无效。